77 GEFAHR FENSTERSCHEIBE

96 KRANZRUND

W0071113

99 SCHNEE SCHNEE SCHNEE

59 AUS ALLER WELT

67 STANDORTWUNDER

68 ZEHN BÄUME KENNEN LERNEN

48 BEI DER »BATNIGHT« MITMACHEN

90 WINTER AM STADTTEICH

TIPP

Schauen Sie mal bei den Tier-forschern – das sind gute Themen für eine Natur-Rallye durch die Stadt.

64 STADTPILZE

76 PAPAGEIEN BEI UNS?

92 DEN STERNENHIMMEL KENNEN LERNEN

36 ZEHN INSEKTEN ENTDECKEN

82 BEI DER »STUNDE DER WINTERVÖGEL« MITMACHEN

88 ZEHN WILDTIERE KENNEN LERNEN

Bärbel Oftring

Natur entdecken in der Stadt

KOSMOS

Das Stadtjahr auf einen Blick

FRÜHLING: DIE STADT ERWACHT

Nach einem langen kalten Winter freuen sich Herz, Auge und Seele über die ersten wärmenden Sonnenstrahlen.

SEITE
8 bis 33

SOMMER: SONNENGRUSS

Der Sommer hält Einzug ins Land und hat in der Stadt von morgens bis spät in die Nacht geöffnet.

SEITE
34 bis 59

HERBST: SPEKTAKEL DER FARBEN

Gerade war noch Sommer, da schleicht sich auch schon der Herbst heran. Das erste Vorzeichen in der Stadt: Es gibt keine Mauersegler mehr.

SEITE
60 bis 75

WINTER: RUHE KEHRT EIN

In der Stadt, wo immer viel Verkehr- und Menschenlärm herrscht, ist die Stille des Winters kaum wahrzunehmen. Doch in Park und Grünanlagen ist der Winter spürbar angekommen.

SEITE
76 bis 91

Natur entdecken in der Stadt

Der Trend ist eindeutig. Immer mehr Menschen leben in der Stadt und auch immer mehr Tiere und Pflanzen zieht es in menschliche Siedlungen. Der Vorteil für die Tiere liegt auf der Hand, wenn sie denn ihre Scheu vor Menschen verloren haben: In der Stadt ist es rund ums Jahr und vor allem im Winter viel wärmer als in Wald, Feld und Flur. Dort gibt es immer was zu futtern und die Bäume und Sträucher in Parks und Straßengrün, die verwinkelten Häuserfassaden und Dachaufbauten bieten ausreichend Verstecke, Brut- und Nistplätze.

Städte bestehen aus so unterschiedlichen Lebensräumen auf engstem Raum – Parkanlagen, Spielplatzbegrünungen, Friedhöfe, Stadt- und Parkteiche, brachliegende Bauplätze und Flächen rund um Industrieanlagen, sogar Waldgebiete, in denen viele Hundert verschiedene Tier- und Pflanzenarten ihr Auskommen haben. Zu den heimischen gesellen sich auch jede Menge Neuankömmlinge, die durch den regen Verkehr in die Städte gelangen – tropische Papageien etwa in einigen Stadtgebieten oder die nordamerikanische Kupfer-Felsenbirne, die von der heimischen Tierwelt angenommen wird, als ob sie schon immer hier gewachsen wäre. Sie merken, Lebensräume und Natur sind nichts Statisches, nichts, was auf Dauer bleibt.

Schon immer haben sich Pflanzen und Tiere auf der Erde bewegt, haben neue Lebensräume erobert oder sich aus ihnen zurückgezogen. Das geschieht auch heute, aber – und hier kommt das große Aber: Wenn jedes Jahr über 55 000 Arten auf der Erde aussterben, und zwar nicht nur woanders, sondern auch bei uns, dann ist das ein deutliches Signal:

Die Erde befindet sich heute wieder in einer globalen Katastrophe, wie es sie in der milliardenlangen Erdgeschichte
nur zum Ende der Kreidezeit mit dem Aussterben der Dinosaurier und weitere vier Male gegeben hat.
Fühlt sich so eine Katastrophe globalen Ausmaßes an?
Eigentlich nicht, wenn wir unsere menschliche Brille auf-
setzen. Dennoch geschieht das gerade jetzt.

Und so lädt die Stadt, in der sich Pflanze, Tier und Mensch
tagaus, tagein begegnen, nicht nur rund ums Jahr zu span-
nenden Naturbeobachtungen ein, sondern fordert auch auf
zum Nachdenken und Innehalten. Wir sollten den Reichtum
und die Schönheit der vielfältigen Natur für unsere Kinder
und Kindeskinder bewahren. Wir alle können dazu einen Bei-
trag leisten. Und der beginnt damit, dass Sie die Augen öffnen
für all die heimischen Tiere und Pflanzen, die rund um Ihr Zuhause leben. Dabei wünscht Ihnen die Autorin viel Freude!

SIE SIND EIN TEIL DER NATUR

Bitte bedenken Sie bei Ihren Erkundungen, dass Sie überall außer-
halb Ihrer vier Wände nur zu Gast sind. Ihr Naturerleben sollte
im Einklang sein mit den Tieren und Pflanzen unserer Natur, aber
auch mit anderen Menschen. Bitte beachten Sie deshalb:

→ Beobachten Sie Tiere, egal ob klein oder groß, behutsam und
 stören Sie sie nicht. Scheuchen Sie auch keine Tiere auf.

→ Entnehmen Sie nur geringe Mengen an Pflanzen und Pflanzen-
 teilen für den Eigengebrauch. Sammeln Sie keine geschützten
 Arten und auch nicht am Straßenrand.

→ Nehmen Sie Rücksicht auf die Belange anderer Menschen.
 Achten Sie die Regeln und Gesetze zum Schutz der Natur,
 auf Friedhöfen und anderen öffentlichen Plätzen. Fragen Sie
 Eigentümer vor dem Betreten fremder Grundstücke.

→ Hinterlassen Sie nirgendwo Abfall, denn jeglicher Müll gehört
 in den Abfalleimer.

F R Ü H

LING

DIE STADT ERWACHT

Lange haben wir auf ihn gewartet.
Nun schleicht er sich kaum merklich
heran: der Frühling. Dann ist die Sonne einen
Tick wärmer, die erste Kohlmeise singt ihr
»Zizibä«, Schneeglöckchen schieben ihre Blüten
hervor und wie von Zauberhand kommt Leben in
die Äste von Büschen und Bäumen – auch mitten
in der Innenstadt. Lassen Sie sich anstecken
und machen Sie mit beim Frühling – mit
Insektenhaus, mit bunten Frühlingsblumen am Wegrand und einem
fröhlichen Raten: Wer kennt zehn
Vogelarten in der Stadt?

① MEIN GARTEN

Selten tut etwas so gut, wie ein kleines Stückchen Garten selbst zu bewirtschaften. Dort gedeihen Ihre Lieblingspflanzen, dort pflanzen Sie und ernten Selbstangebautes. Dort können Sie täglich abschalten, sich neu erden und den Alltagsstress hinter sich lassen. Probieren Sie aus, worauf Sie Lust haben – und wenn spezielle Pflanzen partout nicht kommen wollen, kein Problem: Machen Sie dort Ihre ganz persönlichen Erfahrungen mit dem Gärtnern. Nur Chemie, egal ob mineralische Dünger oder Insektizide, Herbizide, Fungizide, hat in Ihrem Garten nichts zu suchen. Wenn Sie keinen eigenen haben, schauen Sie sich um: Rund um die Städte gibt es Gärtchen zu pachten oder zu mieten (z. B. www.meine-ernte.de).

② BLUMENBOMBEN BAUEN

Auf die Erde werfen, etwas gießen, und schon gedeihen auf nacktem Boden vor dem Haus und am Bürgersteigrand bunte Wildblumen. Mit Blumenbomben geht das ganz einfach: Aus 10 Esslöffeln Blumenerde, 8 Esslöffeln Tonpulver (z. B. aus dem Terrarienbau), 2 Teelöffeln Wildblumensamenmischung plus etwas Kaffeesatz oder Teeblätter und wenig Wasser einen glatten Teig kneten. Kugeln rollen und auf Küchenpapier oder in Eierkartons ein paar Stunden antrocknen lassen. Nun sind sie einsatzbereit und warten aufs große Werfen.

3 RAN AN DIE TÖPFE

Urbanes Gärtnern schwappt als grüne Welle von Stadt zu Stadt. Machen Sie mit bei diesen tollen Topf-gartenprojekten in Kisten, Säcken und Tüten:

→ Salatbar in der Kiste: Füllen Sie eine Kiste oder einen Blumenkasten mit Erde und setzen Sie die Salatjung-pflanzen nicht zu tief hinein. Gut eignen sich Pflücksalate wie Lollo Rosso oder Eichblatt, die Sie fort-laufend ernten können. Täglich ein wenig gießen, nicht düngen. Günstig: ein Südostbalkon.

→ Naschgarten im Becher: Zum Obstanbauen brauchen Sie keinen Garten – Erdbeeren wachsen auch im großen Joghurtbecher. Zur Aus-wahl stehen viele Sorten: Monats-erdbeeren tragen Früchte von Juni bis zum Herbst, Klettererdbeeren brauchen ein Rankgerüst, Ampel-erdbeeren hängen herab. Auch Heidelbeeren gedeihen wunderbar im Topf.

KARTOFFELN …

… zum Selbstpflanzen bekommen Sie im Gartencenter, besondere Sorten wie blaue, zweifarbige und alte unter dem Stichwort »Pflanzkartoffeln« im Internet. Oder Sie nehmen einfach die Kartoffeln, die Ihnen besonders gut schmecken.

→ Kartoffeln im Sack: Im März legen Sie ein paar Kartoffeln zum Vor-keimen in einen Eierkarton an einen kühlen hellen Ort. Wenn der Flieder blüht, einen Jutesack oder Kübel (40 Liter) zu etwa einem Drittel mit Erde füllen, eine Kartoffel in eine kleine Mulde legen und mit etwa 5 cm Erde bedecken. Jeden Tag ein wenig gießen. Wenn die Kartoffelpflanze etwa 10 cm hoch ist, füllen Sie so viel Erde nach, bis Sie die Stängel nicht mehr sehen. Das wiederholen Sie so lange, bis der Sack voll ist. Geerntet wird, wenn das Laub vertrocknet ist.

Leere Plastikfla-schen sind ideale Pflanzbehälter für Frühlingszwiebeln.

An der grauen Kopfplatte und dem schwärzlichen Kehlfleck erkennen Sie die männlichen Haussperlinge.

4 EIN HERZ FÜR UNSERE SPATZEN

Kein Vogel sucht so sehr die Nähe zu uns Menschen wie der Spatz, der vor 10000 bis 15000 Jahren aus den baumarmen asiatischen Steppen in die Siedlungen der ackerbautreibenden Menschen gezogen ist. In Mauernischen, unter Überdachungen und an anderen geschützten Plätzen findet er einen Nistplatz. Sein Futter holt er sich in Straßencafés, an Essensständen oder sogar in Einkaufszentren. Zählen Sie mal, wie viel Spatzen sich rund um die Imbissbude tummeln. Doch die

IN DEN BÜSCHEN

Wildsträucher sehen nicht nur dekorativ aus und sind besonders pflegeleicht, sie bieten auch vielen Tieren Nahrung, Schutz und Nistmöglichkeiten. An heimischen Wildsträuchern gibt es sichere Naturbeobachtungen zum Nulltarif. Weißdorn und Wildrosen mögen es sonnig, Pfaffenhütchen (giftige Früchte sind Leckerbissen für Rotkehlchen) und Haselnuss halbschattig, die Heckenkirsche gedeiht auch im Schatten. Faulbaum (giftige Früchte), Rote und Schwarze Johannisbeere, Sanddorn oder Seidelbast (giftig) haben selbst in einem Kübel Platz.

richtig guten Zeiten sind für unsere Haussperlinge schon lange vorbei. In modernen Häusern mit glatt verputzten Wänden finden sie keine Nistplätze mehr, das Nahrungsangebot – einst waren es die Pferdeäpfel auf den Straßen – ist besonders im Winter knapp. Insekten für die Jungen sind kaum noch verfügbar, ebenso mangelt es an staubenden Sandmulden und Pfützen, den Rest erledigen die herumstromernden Hauskatzen. Hamburg vermeldet in den letzten 20 Jahren einen Rückgang der Spatzen um 50 %, anderswo sieht es ähnlich aus. Lassen Sie Ihr Herz für Spatzen sprechen und

→ montieren Sie Nistkästen oder Einbauniststeine an der Hauswand
→ pflanzen Sie heimische Wildblumen, Wildstauden und Wildsträucher
→ bieten Sie eine flache Wassertränke und ein Sandbad an
→ lassen Sie die Hauskatze, so wie es ihr Name sagt, im Haus.

⑤ MINISUMPFBEET

Für das bunte Minisumpfbeet brauchen Sie einen mindestens 90 Liter fassenden Mörtelkübel. Unten ist die Wasservorratsschicht. Sie besteht aus umgedrehten Blumentöpfen und grobem Kies in den Zwischenräumen. Mit Vlies abdecken. Platzieren Sie am Rand ein Rohr, durch das Sie später Wasser direkt in diese Schicht nachfüllen können. Auf das Vlies geben Sie das wasserspeichernde Substrat (50 % Lehm, 25 % Rindenmulch, 25 % Bimskies), in das Sie nicht zu sehr wuchernde Sumpfpflanzen setzen. Vorn vielleicht Sumpfdotterblume, Wasser-Minze oder Sumpf-Calla (giftig), an den Seiten Froschlöffel oder Sumpf-Storchschnabel und im Hintergrund Sibirische Schwertlilie. Wasser einfüllen nicht vergessen!

6 AUF MORGENPIRSCH

Zeitig aufstehen, eine kleine Tour rund um die Wohnung machen, langsam gehen (oder auf einer Parkbank verweilen) und leise sein. So beginnt der Tag mit einer morgendlichen Vogelpirsch. Lauschen Sie ab Februar den Vogelstimmen: Zuerst sind es nur Kohlmeisen, dann werden es immer mehr, bis das Vogelkonzert im Mai seinen Höhepunkt erreicht hat. Wer Detektivisches in sich spürt, kann nun auch eine Vogeluhr aufstellen, denn die verschiedenen Vogelarten stehen zu typischen Zeiten auf – vor, mit oder nach dem Sonnenaufgang. Der Gartenrotschwanz gehört zu den allerersten. Er ist schon 90 Minuten vor Sonnenaufgang wach, dann folgen im Zehnminutentakt Rotkehlchen, Amsel, Zaunkönig, Kuckuck, Kohlmeise, Zilpzalp und Buchfink. Spatz und Star stehen ungefähr mit der Sonne auf. Wie ist es bei Ihnen?

1

2   3   4   5

7 ZEHN VERSCHIEDENE SINGVÖGEL

Schauen wir uns doch mal nach den kleinen Sängern um im Garten, im Gebüsch, vor Ihrer Haustür. Praktisch überall kommt die Kohlmeise (1) vor, unsere größte Meise und vierthäufigste Vogelart, gefolgt von der kleineren Blaumeise (2), die es immerhin auf Platz 5 der häufigsten Vogelarten Deutschlands schafft. Die Amsel (3) – einst ein scheuer Waldvogel – kennt jeder, denn sie hat sich perfekt an das Leben der Menschen angepasst und ist bis in die Großstadtzentren vorgedrungen. Weniger bekannt ist der Buchfink (4), denn er lebt verborgen in Baumkronen und besucht kaum Futterstellen. Frisch gelbgrün leuchten im Frühjahr die kräftigen Grünfinkenmännchen (5), während die Weibchen eher grau sind. Der Zaunkönig (6) ist

⑧ STUNDE DER GARTENVÖGEL

Jedes Jahr im Mai veranstaltet der NABU eine bundesweite Mitmachaktion, bei der Ihre Hilfe gefragt ist. Suchen Sie sich im Garten, auf dem Balkon oder im Park einen Platz aus, an dem Sie eine Stunde lang Vögel zählen. Sie sind nicht allein, denn bundesweit machen Zehntausende mit bei dieser Aktion. Kann Naturbeobachtung schöner sein? Mehr Infos: www.stundedergartenvoegel.de

Egal ob groß oder klein, Profi oder Anfänger, allein oder mit Familie: Die Stunde der Gartenvögel macht jedem Spaß!

⑥   ⑦   ⑧   ⑨   ⑩

der fast kleinste Vogel Europas. Er huscht wie eine Maus durchs niedrige Gebüsch, hat aber eine der lautesten Stimmen. Achten Sie bei den Spatzen, wie die munteren Haussperlinge ⑦ genannt werden, auf die männlichen Individuen (erkennbar am grauen Scheitel) mit viel Schwarz an Brust und Kehle: Sie haben mehr Chancen bei den Weibchen. Rotkehlchen ⑧ gehören wegen ihrer rundlichen Gestalt und den schwarzen großen Augen zu den Lieblingen unter den Vögeln – wer hätte gedacht, dass sie recht kratzbürstig zueinander sind? Nur so können sie das ganze Jahr über genügend Nahrung finden. Den Kleiber ⑨ entdecken Sie am Baumstamm, den er als einziger Vogel hoch- und kopfabwärts auch wieder hinunterlaufen kann. Auf Dächern, Geländern und Zaunpfählen schließlich können Sie den hübschen Hausrotschwanz ⑩ bei der Insektenjagd aufspüren.

Rauchschwalben brüten unter der Stalldecke; sie nehmen gern Nistbrettchen an.

FREMDE GÄSTE

Schauen Sie genau: Nistkästen werden auch gern von Siebenschläfern, Hornissen und anderen Wespenarten angenommen.

9 WER BRÜTET WO?

Deutlich hörbar beginnt alljährlich die Brutzeit der Vögel: Bei den Spatzen und Schwalben kümmern sich die Eltern gemeinsam um Nestbau, Brut und Nachwuchs. Bei den Meisen und Rotschwänzen brütet nur das Weibchen, wird aber vom Männchen beim Füttern unterstützt und bei den Stockenten macht das Weibchen alles allein. Auch bei Nest und Brutplatz gibt es große Unterschiede, das können Sie bei Ihrem täglichen Gang durch Garten, Park und Grünanlagen feststellen:

→ Spechte bauen ihre Höhlen selbst in den Stamm

→ Meisen, Kleiber und Trauerschnäpper brüten einzeln in Baum- und verlassenen Spechthöhlen, nehmen gern Nistkästen an

→ Stare brüten ebenfalls in Baumhöhlen, nehmen Nistkästen an

→ Rotkehlchen und Zaunkönig bauen ihre napf- und kugelförmigen Nester einzeln bodennah zwischen Pflanzen

→ Finken bauen napfförmige Nester in Gebüsche und Baumkronen

→ Krähen, Elstern, Ringeltauben und Graureiher bauen große Nester in die Baumkronen

→ Mehlschwalben brüten zu vielen unterm Dachtrauf, nehmen künstliche Nester an

→ Enten verstecken ihre Bodennester sehr gut zwischen den Uferpflanzen

Auf einer kleinen Skizze halten Sie die gefundenen Nistplätze fest – im Herbst können Sie dann das Nest besichtigen.

10 MARDERSICHER IN DER NISTVILLA

Nistkästen sind eine gute Sache, denn
sie erhöhen nicht nur das Wohnraum-
angebot für Meisen und Co, nein –
Sie ermöglichen auch vom Liegestuhl
aus herrliche Tierbeobachtungen.
Doch Eier und hilflose Jungvögel stehen auf dem Speisezettel vieler Tiere:
Hauskatzen und Marder gehören
ebenso zu den Nesträubern wie Spechte, Rabenvögel, Eichhörnchen, Bilche
und Igel (Bodennester). Machen Sie
darum die Nistkästen einbruchsicher:
Nehmen Sie zwei 4 x 8 cm große Holz-
bretter, bohren in jedes ein Loch in
der Fluglochgröße hinein (26 – 35 mm)
und schrauben es hintereinander vor
das Flugloch. Spechten vermiest man

den Einbruch durch montierte Bleche
an Front und Seiten, für Katzen gibt
es zudem Katzenabwehrgürtel für
den Baumstamm. So gesichert, stehen
Ihnen herrliche Vogelbeobachtungen
ins Haus. Platzieren Sie einen Stuhl
in ein paar Metern Entfernung zum
Kasten und gucken Sie zu, hören Sie
zu, entspannen Sie dabei.

11 HILFE FÜR JUNGVÖGEL

Viele Jungvögel verlassen ihr Nest schon,
wenn sie noch gar nicht richtig flügge sind. Sie
werden noch ein bis zwei Wochen lang von ihren
Eltern gefüttert. Doch was tun, wenn Sie so
einen Juniorvogel finden? Bevor Ihr Helferherz
den einsamen Piepmatz retten will, sollten Sie
die Situation beobachten – und zwar mindestens
ein bis zwei Stunden aus einem Versteck heraus.
Oft kommen die Eltern erst, wenn niemand mehr
da ist. Tauchen die Eltern auf, ist alles gut.
Wenn nicht, setzen Sie den Jungvogel in einen
Pappkarton, packen ihn warm ein und bringen
ihn sofort in eine Auffangstation für junge
Vögel. Die Adresse erfahren Sie im Internet.

GEFÄHRLICHER LANDEPLATZ

Jungvögel bleiben gern dort
hocken, wo sie nach unbe-
holfenem Flug gelandet sind. Ist
das mitten auf dem Radweg oder an
einer anderen gefährlichen Stelle,
so bringen Sie den Kleinen an den
nächstgelegenen verkehrs- und
katzensicheren Platz in
unmittelbarer Nähe.

12 STADTFÜCHSE

Seit den 1980er-Jahren erobern die Füchse unsere Städte, unaufhaltsam und oft unauffällig. Freiwillig sind die klugen Tiere gekommen, denn dank der vielen Unterschlupfmöglichkeiten in Gärten, Parks und Friedhöfen sowie dem immer guten Nahrungsangebot in Abfalleimern und Komposthaufen leben in Städten bis zu zehn Füchse auf einem Quadratkilometer – fünf- bis zehnmal so viel wie auf dem Land. Darum müssen Sie sich nicht wundern, wenn Ihnen

SPAZIERGANG DER WILDSCHWEINE

Berlin ist berühmt für seine Wildschweine. Doch auch in Hamburg, Köln, Bonn und Wien schaffen es die dreisten Borstentiere immer mal wieder in die Zeitung. Tagsüber ziehen die (dann wenig scheuen) Wildschweine von den angrenzenden Waldgebieten in die Städte, denn auch für sie ist der Tisch dort richtig gut gedeckt. Begegnen Sie einer Rotte in der Stadt, so bewahren Sie die Ruhe und ziehen sich ganz langsam zurück. Dabei lassen Sie den Tieren einen Fluchtweg ins nächste Grün und den Hund an der Leine.

beim nächtlichen Gang durch die Fußgängerzone ein Fuchs auf der Treppe entgegenkommt. Doch keine Sorge, Füchse stellen für uns kein Gesundheitsproblem dar und Hunde und Katzen können sich gut wehren. Es bleiben unzählige herrliche Möglichkeiten für Tierbeobachtungen der weniger scheuen Stadtfüchse: im Frühling, wenn die Fuchsjungen sogar im Hellen ausgiebig vor dem Haus herumtollen, im Sommer und Herbst, wenn die jungen Füchse auf der Suche nach einem neuen Aufenthaltsort umherziehen, im Winter, wenn sich bellend die Paare finden. Genießen Sie den Anblick dieses Wildtiers, das zu uns Menschen gezogen ist.

13 DEM »AUTOMARDER« AUF DER SPUR

Gute Verstecke, Nahrung im Überfluss, angenehmes Klima – das sind auch für den Steinmarder Gründe, von den Felslandschaften und Wäldern in die Städte zu ziehen. Katzengroß, aber viel länger, schlanker und mit kürzeren Beinen – so streift er nachts auf der Suche nach Ratten und Mäusen, Katzenfutter, Obst und Insekten durch die Straßen, hinterlässt seine oft schmutzigen Pfotenabdrücke auf Autoscheiben. Gummi und Plastik gehören nicht zu seiner Nahrung.

Er liebt dunkle, warme und trockene Plätze. Deshalb locken ihn Automotorräume, die er nach Steinmarderart als Domizil in Besitz nimmt und mit Duftspuren von Sohlen, Bauch- und Analbereich markiert. Diese Duftspuren gelangen mit dem Auto öfter einmal in das Revier eines anderen Steinmarders. Sie können sich ausmalen, dass dieser das nicht einfach duldet und sich deshalb an den markierten Teilen zu schaffen macht.

Mardersichere Kabelhülsen und Plastikrohre sichern Schläuche und Scheibenwischergummis vor dem Verbeißen. Haben Sie die Gelegenheit, die putzig neugierigen Steinmarder zu beobachten, so entschädigt dies für manch unschönen Autoschaden, den dieses heimische Wildtier verursacht hat.

Den neugierigen Steinmarder können Sie auch mit einem lose unter den Motorblock gelegten Maschengittergeflecht davon abhalten, in den Motorraum zu klettern.

14 FALTERFUTTER

Gutes tun macht Freude. Heute sind die Schmetterlinge und Nachtfalter dran, denn wir decken den Tisch für sie und auch für ihre besonders hungrigen Kinder, die Raupen.

→ Nektarreiche Schmetterlingsblumen: Säen Sie eine Schmetterlingsblumenmischung auf dem Balkon oder bringen Sie sie als Blumenbomben vor dem Haus aus (siehe Tipp 2). Die einjährigen Blumen keimen bald, und wenn sich die Blüten öffnen, ist auch die Faltergaststätte geöffnet. Oder Sie legen einen kleinen Kräutertopfgarten mit Oregano, Ysop, Lavendel, Thymian und Salbei an – und teilen ihn mit den Schmetterlingen. Guten Appetit!

→ Duftende Blumen für Nachtfalter: Nachtfalter stehen auf Blüten, die nachts ihren Duft entfalten. Wie wäre es mit einem Blumenkasten voller Nachtdufter vor dem Schlafzimmerfenster, an dem die Nachtschmetterlinge ihren Hunger stillen können? Dort wachsen die einjährigen Nachtviolen, Nachtkerzen,

15 DIE ERSTEN SCHMETTERLINGE SIND DA

An den ersten warmen Frühlingstagen im März, manchmal sogar schon im Februar, wenn noch fast alles Tierleben ruht, flattern die ersten Schmetterlinge umher. Der gelbe Zitronenfalter gehört dazu, auch das Tagpfauenauge, der Kleine Fuchs, der C-Falter, der Admiral (Foto), der Trauermantel und der Große Fuchs. Erstaunlich, dass so zarte Geschöpfe unversehrt den kalten Winter überleben! Denn nicht wie die meisten Schmetterlinge, die als Ei, Raupe oder Puppe überwintern, suchen diese Falter im Herbst ein geschütztes, mäßig feuchtes Versteck auf, etwa in einem Fuchsbau oder einem Kellergewölbe. Dort warten sie in Kältestarre auf den ersten warmen Frühlingstag. Und weil die Raupen dieser Schmetterlinge sich von Brennnesseln bzw. Weidenblättern ernähren, kommen sie auch in der Stadt vor.

ENTDECKUNGS-TAGEBUCH
Führen Sie doch einen Kalender ein und notieren darin, wann Sie welche Schmetterlinge als Erste im Jahr entdeckt haben.

Lichtnelken und Duft-Levkojen. Auch die Blüten des rankenden Echten Geißblatts locken viele Falter an.

→ Blätter für die Raupen: Warum kein Topf mit Brennnesseln auf dem Balkon? Dort können Sie jeden Morgen frische Blätter für einen gesunden Frühstückstee pflücken und bieten den häufigen Stadtschmetterlingsraupen gleichzeitig einen weiteren Nahrungsplatz.

Das Plus: Sie können tagtäglich beobachten, wie aus den winzigen Eiern kleine Raupen schlüpfen, die von Häutung zu Häutung größer werden, sich verpuppen und nach zwei Wochen Puppenruhe als fertige Schmetterlinge schlüpfen. Natur pur – und das mitten in der Stadt. Weitere gute Schmetterlingsraupenpflanzen sind verschiedene heimische Gräser wie Knäuelgras, der hübsche gelbe Hornklee, Veilchen, Skabiosen und Flockenblumen.

NEKTAR AUS DEM BLÜTENKELCH

Gucken Sie mal genau hin, wenn ein Schmetterling an einer Blüte Nektar saugt – vielleicht sogar mit einer großen Handlupe: Erkennen Sie den langen Saugrüssel, den der Falter tief in den Blütenkelch eintaucht und ihn dann, wenn der Nektar leer getrunken ist, wieder einrollt?

→ Schmetterlingswein: Schmetterlinge fliegen auf vergorene Früchte, und wie! Mischen Sie 100 ml Rotwein mit 100 g Zucker, Baumwollschnüre reintauchen und aufhängen.

→ Salzsnack: Und bei all dem Süßen brauchen Schmetterlinge, wie wir auch, gute Salze. Bieten Sie lehmige, mineralienreiche, feuchte Erde in einer Schale an oder legen Sie einen Kochsalzstein aus.

THYMIAN
thYmus vulgaris

SALBEI
salvia officinalis

ROSMARIN
rosmarinus officinalis

16 MAJESTÄT HUMMEL

Groß, pelzig und zielstrebig sind schon an kühlen Frühlingstagen verschiedene Hummeln unterwegs. Dank des dichten Pelzes ertragen sie auch tiefere Temperaturen, während Honigbienen erst bei Temperaturen über 12 Grad Celsius fliegen können. Diese riesigen Hummeln sind allesamt Hummelköniginnen, die den Winter in einem frostsicheren Versteck verbracht haben und nun einen neuen Hummelstaat gründen. Sie sammeln Pollen an den Weidenkätzchen und ersten Frühlingsblumen. Begleiten Sie eine Hummel eine Weile auf ihrem Nahrungsstreifzug, und wenn sie dann in einem Mäuse- oder Erdloch, in einer Mauerritze oder zwischen Grasbüscheln verschwindet, haben Sie auch den versteckten Nistplatz gefunden. Einen umgedrehten Blumentopf im Erdreich versenken und über das Abzugloch locker eine Tonscherbe legen – schon haben Sie ein Hum-melhaus. Im Spätfrühling schlüpfen die ersten Arbeiterinnen. Nun bleibt die Königin im Nest und Sie treffen nur noch die kleineren Hummelarbeiterinnen an – die können, anders als die Königin, auch stechen, tun es aber nur im äußersten Notfall.

Zuckerlösung für die erschöpfte Hummel: 4 Esslöffel Fruchtzucker + 2 Esslöffel Zucker in 3 Esslöffel kaltem Wasser auflösen.

BESTÄUBT ODER UNBESTÄUBT?

Schauen Sie sich mal genau die Blüten der Rosskastanie an. Jede Blüte trägt ein farbiges Mal. Ist es leuchtend gelb, so ist die noch unbestäubte Blüte voller Nektar. Wenn die Blüte bestäubt ist, verfärbt sich dieses Mal in leuchtendes Rot. Wie praktisch: Die rotblinden Insektenaugen können Gelb sehr gut sehen.

17 WILDBLUMENOASE

Nun haben die Insekten eine schöne Unterkunft für sich und ihre Brut, nun muss noch Nahrung her. Viele Insekten ernähren sich von Pollen, Nektar und Samen, andere erbeuten Insekten oder deren Larven. Mit heimischen Feld- und Wiesenblumen, in Töpfen, Kübeln und Kästen oder auf offenen Erdflächen am Wegrand gepflanzt und gesät, decken Sie für alle Insekten den Tisch.

18 EIN, ZWEI, DREI HÄUSCHEN FÜR INSEKTEN

Ohne Insekten sähe unsere Welt ziemlich öde aus, selbst mitten in der Stadt. Es gäbe keine bunten Blumen, keine Äpfel und Kastanien, keine Igel, keine Fledermäuse und auch keine singenden Meisen und Grasmücken. Darum tun wir den Insekten was Gutes. Auf alles, was mit »-zid« endet verzichten, wilde Ecken mit Stein- und Holzhaufen anlegen, viele heimische Blumen und Gehölze pflanzen und ein wunderschönes Insektenhotel bauen, bei dem schon die Jüngsten mithelfen. In einen Holzrahmen kommen: einige Loch- und Gitterziegel, Bündel aus bleistiftlangen Schilf-, Stroh- und Bambushalmen, Hartholzblöcke mit 2–10 mm starken Löchern, ein altes Tonrohr mit einem Gemisch aus Ton und gehäckseltem Stroh, eingerollte Schilfmatten, alte Äste und Holzscheite, trockene Holunder-, Brombeer- und Himbeerzweige, Blumentöpfe mit Holzwolle oder Ton (Löcher reinbohren, dann trocknen lassen). Wenn Sie nun noch sämtliche Steinplatten unverfugt im Sandbett verlegen und Nistkästen für Marienkäfer, Hornissen und Florfliegen aufstellen, haben Sie Wohnraum für viele verschiedene Insekten geschaffen.

Das geht ganz einfach: Samenmischungen von Insekten- und Schmetterlingsblumen zum Aussäen gibt es in Tüten im Handel, ebenso Wildstauden pflanzfertig in zusammengestellten Pflanzpaketen. Doch vor dem übereifrigen Roden und Neuanlegen von brachliegenden Flächen halten Sie inne. Schauen Sie doch mal, was dort so alles an Insekten und anderen Tieren kreucht und fleucht. Manche solcher Flächen sind wahre Tier- und Naturentdeckungsparadiese.

19 GESELLIGE WANZEN

Rot-schwarz, wie ein Marienkäfer, begegnen Ihnen die etwa 1 cm langen Feuerwanzen oft in großen Scharen unter Linden- oder Robinienbäumen, in Gärten mit Hibiskus (Malvengewächs), auf Friedhöfen und an sonnigen Plätzen, sogar mitten in der Großstadt. An den zwei schwarzen Tupfen erkennen Sie die ausgewachsenen Wanzen, die roten Larven haben kurze schwarze Flügelanlagen, kleine Punkte auf dem Rücken markieren die Öffnungen von Drüsen. Feuerwanzen sind harmlos. Sie bohren Löcher in Pflanzensamen, verflüssigen den harten Inhalt und saugen ihn dann auf, ebenso tote Insekten und Insekteneier. Wenn sie mal einen Platz mit Winkeln, Ritzen und Spalten zum Verkriechen besiedelt haben, können Sie diese Insekten dort immer aufspüren und beobachten: Jetzt im Frühjahr ist Paarungszeit – dabei reitet das Männchen nicht auf dem Weibchen, sondern ... Na, haben Sie's beobachtet? Nun legt das Weibchen über 50 kleine Eier ins Laub am Boden. Bald schlüp-

20 KINDERSTUBE IN DER BLUMENERDE

Frühlingszeit ist Umtopfzeit. Also raus mit den Kübel- und Balkonpflanzen und rein in den neuen Topf. Doch halt, was ist denn das? Engerlinge. Da verbringen doch tatsächlich verschiedene Käfer ihre Kinder- und Jugendzeit in der Blumenerde. Der Maikäfer gehört ebenso dazu wie der Junikäfer, manchmal auch Rosenkäfer und Nashornkäfer (obwohl die eher im Komposthaufen leben). Engerlinge sind ganz schön groß, ernähren sich von Pflanzenwurzeln wie der Mai- und Junikäfer (vielleicht ringen Sie sich zu dem Gedanken durch, die Pflanzen mit ihnen zu teilen ...) oder von verrottendem Material wie der Rosen- und Nashornkäfer (harmlos). Wenn Sie wissen wollen, welche Käferkinder da in Ihrer

BAUMBLÜTEN

Wenn Sie dann genug Feuerwanzen beobachtet haben, schauen Sie sich doch mal die Bäume genauer an, an deren Fuß Sie gerade stehen: Linden haben Bärte auf den Blattunterseiten, duftende Blüten (die Bienen anlocken und getrocknet schweißtreibenden Tee ergeben) und später im Jahr harte Früchte mit auffallend langem Tragblatt. Oder die (giftigen) Robinien mit den gefiederten Blättern und duftenden Blütentrauben ...

21 VERWECHSLUNGS-GEFAHR

Diese beiden Insektengruppen werden gern verwechselt. Mit dem Schnellcheck verwechseln Sie nie mehr eine Wanze mit einem Käfer.

→ Schauen Sie sich den Rücken an: Bei den Wanzen ist nur der vordere Teil der Vorderflügel verhärtet, während der hintere dünnhäutig ist. Bei angelegten Flügeln liegen diese häutigen Hinterenden als rautenförmige Fläche übereinander. Die Vorderflügel der Käfer sind komplett hart und fest.

→ Schauen Sie sich die Mundwerkzeuge an: Wanzen können nur Flüssiges zu sich nehmen – darum besitzen sie einen langen Stechsaugrüssel, den sie dicht an den Bauch anlegen, wenn sie ihn nicht brauchen. Käfer hingegen können mit ihren Mundwerkzeugen gut kauen und beißen. Und jetzt los! Immerhin leben rund 1 000 verschiedene Wanzenarten bei uns und rund 8 000 verschiedene Käfer.

fen die Larven. Wenn Sie regelmäßig an der Feuerwanzenkolonie vorbeikommen, können Sie miterleben, wie die Larven von Häutung zu Häutung wachsen.
Übrigens können Feuerwanzen gut riechen. Die Kolonien bleiben wegen ihrem Duft beisammen.

Blumenerde sind, so haben Sie etwas Geduld. Wenn die Larvenzeit beendet ist, verpuppen sich die Engerlinge und schlüpfen als frisch gebackene Käfer aus der Erde.
Doch: Auch die wie weiße Erdnusslocken aussehenden, wurzelfressenden Larven des Dickmaulrüsslers können in Blumenerde leben. Ebenso die als Drahtwürmer bekannten mehlwurmähnlichen Larven der Schnellkäfer, von denen manche an Pflanzenwurzeln knabbern oder andere Kleintiere erbeuten.

22 FRÜHLINGSBLUMEN AM WEGRAND

Nach dem langen Winter mit vorwiegend grau-braunen Farben freut sich das Auge nun umso mehr an dem frischen Grün und den bunten Farben der Blumen. Der Hingucker ist nun der Wegrand. Das allgegenwärtige Gänseblümchen buhlt mit dem hübschen Schneeglöckchen um den Rang des Erstblühers – nach schneereichen, kühlen Wintern ist es das frostunempfindliche Glöckchen, nach eher warmen Wintern das anmutige Blümchen. Wer ist es wohl in diesem Jahr?

Im März öffnen dann Krokus, Winterling, Veilchen, Löwenzahn, Ehrenpreis (Veronica) und Huflattich ihre Blüten. Besonders spannend ist der Huflattich: Seine hufeisenförmigen, großen, unten weich

GÄNSE-BLÜMCHEN

Das Gänseblümchen war schon für die Germanen eine wichtige Heilpflanze. Blüten und Blätter an einem sauberen Platz gesammelt ergeben einen hustenlösenden, stoffwechselanregenden Tee (1–2 Teelöffel auf 250 ml kochendes Wasser). Zerdrückte Gänseblümchen lindern Schmerzen bei Prellungen und Insektenstichen.

behaarten Blätter erscheinen erst im Mai, wenn die Blüten schon lange ihre Samen in reinweißen Pusteblumen verbreitet haben. Im April folgen Hirtentäschel (mit den herzförmigen Früchten à la Lederhirtentaschen), Vogelmiere, Weiße und Rote Taubnessel (keine Brennnesseln!), Schöllkraut, Spitz-Wegerich, Fingerkraut, Schlüsselblumen, Hahnenfuß und Scharbockskraut. Im Mai gesellen sich Wiesen-Kerbel, Hornklee, Zaunwicke, Sauerampfer und Gundermann hinzu.

Es ist immer was los am Wegrand – auch im Sommer, Herbst und mit den Christrosen sogar im Winter. Die Blühzeiten Ihres Lieblingsweges können Sie in einem alljährlichen Blühkalender notieren, und schon haben Sie ein wenig Naturkunde betrieben.

23 AUS DEM SAMEN WÄCHST …

… eine Blume, ein Gemüse, eine Pflanze. Ganz einfach können Sie beobachten, wie sich aus einem winzigen Sämchen eine üppige Pflanze entwickelt. Dazu streuen oder säen Sie die Samen von Möhren, Spinat, Radieschen, Zucchini, Kürbis oder Ihren Lieblingssommerblumen in die Erde. Im März, wenn draußen der Löwenzahn blüht, säen Sie die Samen in einen mit Erde gefüllten Eierkarton, in Klopapierrollen oder Mandarinenobstkisten an der Fensterbank aus, ab Anfang/ Mitte Mai können Sie auch gleich im Freien auf den Beeten aussäen. Angießen und nun stets die Erde feucht halten. Bald sprießt das erste Grün und ab Mitte Mai kommen auch die im Zimmer vorgezogenen Pflänzchen nach draußen. Nun heißt es ein wenig Geduld haben, bis die Pflanze blüht, fruchtet oder erntereif ist.

Machen Sie aus dem Aussäen und Pflanzen doch ein kleines Familienfest: Erst wird eifrig gearbeitet, dann gemeinsam was Leckeres gekocht und gegessen.

24 KLETTERN VON BAUM ZU BAUM

Klettern macht Spaß, ist gesund und so entstehen nach den Indoor-Plastik-fels-Kletterwänden immer mehr Kletterparks im Freien, auf Steinwänden oder, noch schöner: von Baum zu Baum. Die meisten Baumkletterparks haben verschiedene Parcours zwischen den Bäumen mit unterschiedlichen Schwierigkeitsstufen. Ganz leichte für kleine Kinder oder ängstliche Menschen bis hin zu richtig schwierigen in 20 oder mehr Metern Höhe. Da gibt es Netzbrücken, schwankende Bohlen, schwingende Seile, Seilbahnen, und

Naturerlebnis, Körpererfahrung, Bewegung und Abenteuerlust – das alles bietet ein Kletterpark zwischen den Bäumen.

HOCH HINAUS …

… wer will das nicht? Probieren Sie es doch einfach mal mit einem stabilen, schulterhohen Ast. Obstbäume sind ideal. Ein wenig Schwung genommen, und schon sitzen Sie darauf. Nehmen Sie aber besonders in den Monaten März bis Juli Rücksicht auf brütende Vögel. Gibt es ein paar stabile Äste, bietet sich der Bau eines Baumhauses an, sofern der Besitzer des Baumes damit einverstanden ist. Wollen Sie noch höher hinauf, erkundigen Sie sich bei professionellen Baumkletterern, mit denen Sie dank eines frei im Lot hängenden Seilsystems in eine Baumkrone auf- und wieder absteigen können.

25 RUHEPAUSE

Aus der Sicht der Tiere und Pflanzen sind wir Menschen unglaublich schnelle, immer emsig beschäftigte und laute Wesen. Und genau deswegen entgehen uns so viele Naturerlebnisse, selbst mitten in der Stadt. Das ändert sich heute. Suchen Sie einen Naturort im Park oder Biergarten, auf dem Fried- oder Kirchhof, am Hafen oder Hain, im Industriegebiet oder in der städtischen Wallanlage auf, setzen Sie sich hin, am besten auf eine Bank, und lassen Sie die Umgebung eine Stunde lang schweigend auf sich wirken. Wenn Ihnen das zu langweilig erscheint, zählen Sie die Vögel und nehmen Sie die unterschiedlichen großen und kleinsten Pflanzen wahr. Welche Arten haben sie erkannt?

manchmal muss man gar über 10 m weit ins nächste Netz springen. Natürlich erhalten Sie dazu eine richtige Sicherheitsausrüstung, damit es ein Erlebnis und Abenteuer für jedermann ist. Und wenn Sie so auf dem Parcours an einen Baum gelehnt stehen, halten Sie kurz inne und genießen den Blick rundherum aus der Sicht eines Baumes. Wo es in Ihrer Umgebung den nächsten Kletterpark gibt, erfahren Sie im Internet.

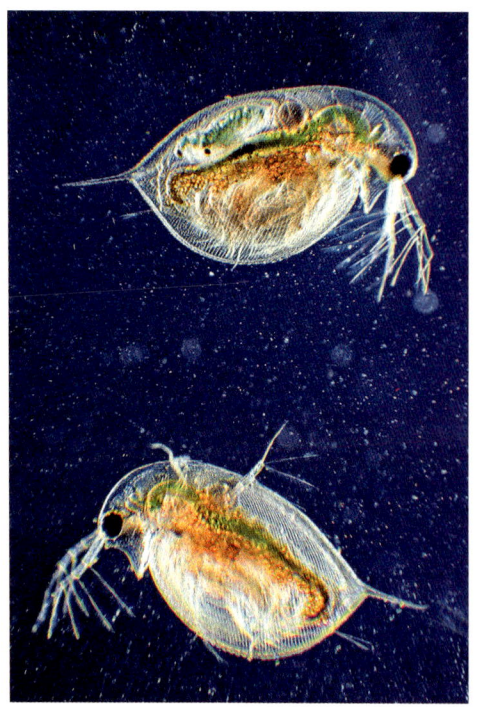

26 LEBEN IM WASSERTROPFEN

Füllen Sie an einem warmen Frühlings- oder Sommertag am Ufer eines Tümpels einen Becher mit Wasser. Bewegen sich darin stecknadelkopfgroße hüpfende Lebewesen, so haben Sie Wasserflöhe gefangen. Keine Angst, sie können nicht stechen und saugen auch kein Blut. Unter einer starken Lupe oder unter einem Binokular erkennen Sie Details dieser durchsichtigen Krebstiere – das eine große schwarze Auge, die beiden langen borstigen Antennen, die vielen Beine auf der Bauchseite oder das pulsierende Herz. Schauen Sie die Wasserprobe genau an, vielleicht finden Sie noch mehr Lebewesen, kleine Algen etwa, Hüpferlinge oder Strudelwürmer.

27 EIN WEICHES VOGELBETT

Sie können den Singvögeln ganz einfach helfen beim Auspolstern des Nestes mit Federn, Haaren, Moosen und anderem weichen Material. Opfern Sie ein altes Daunenkissen oder besuchen Sie einen Pferdehof, auf dem es jetzt massenhaft ausgekämmte Pferdehaare gibt. Die Federn oder Pferdehaare füllen Sie dicht in ein leeres Meisenknödel-, Zwiebel- oder Orangennetz und hängen es ab März ins Gebüsch. Amseln, Schwalben und andere Vögel brauchen für den Nestbau auch Lehm: Sie sind dankbar, wenn Sie eine lehmige Bodenstelle offen und (mit der Gießkanne) feucht halten. Diese Bodenstelle finden dann auch Schmetterlinge, die dort die Mineralien aufsaugen.

28 EINEN KORB FLECHTEN

Aus den biegsamen Weidenruten lassen sich nicht nur Zäune, Tunnel, Lauben und Hütten bauen, auch zum Körbeflechten eignen sie sich. Am besten funktionieren die sehr elastischen Ruten der Korb-Weide *(Salix viminalis)*. Schneiden Sie sehr junge, dünne und gerade Ruten ab. Dann geht die Flechtarbeit los. Spalten Sie zunächst drei Ruten in der Mitte und stecken Sie drei andere Ruten durch diese Schlitze plus zwei Flechtruten. Mit den Flechtruten fixieren Sie die Korbmitte, brechen dann die Ruten (= Bodenstaken) strahlenförmig auf und flechten weiter. Wenn der Boden die passende Größe erreicht hat, fügen Sie auf jeder Seite der Bodenstake je eine angespitzte Rute (= Wandstake) ein, knicken diese nach oben und flechten weiter bis zur gewünschten Korbhöhe. Wenn Sie dieses alte Handwerk interessiert, besuchen Sie am besten einen Flechtkurs.

WEIDEN PFLANZEN

Da Weiden sehr früh im Jahr blühen, sind sie ein wichtiges Nährgehölz für Insekten. Pflanzen Sie darum eine Weide (oder mehrere) vor das Haus. Es reicht, wenn Sie eine Weidenrute in die feuchte Erde stecken.

29 SPECHTE IM PARK

Von den heimischen zehn Spechtarten können Sie bis zu acht in Parks und Alleen, auf Friedhöfen und in Obstgärten beobachten, sofern es dort alten Baumbestand gibt. Unter den schwarz-weißen ist der (1) Buntspecht der mit Abstand häufigste Specht: Er trommelt vom Winter bis zum Brutbeginn, fällt aber ganzjährig durch seine lauten »Kick«-Rufe auf. Der kleibergroße Kleinspecht (2) bewohnt auch grüne Stadtgebiete. Seine hohen Rufe klingen wie die eines Turmfalken. Mittelspechte (3) kommen nur in Stadtparks mit alten Eichenbeständen vor. Der Blutspecht (4) lebt in Wien, Graz und anderen Städten im östlichen Österreich und der krähengroße Schwarzspecht (5) in Wäldern (alte Buchen und Kiefern) im städtischen Umfeld. Der Grünspecht (6) sucht seine Nahrung (Ameisen) vor allem am Boden, ruft lachend »glüglüglück«, während Sie den ähnlichen Grauspecht (7) an den abfallenden »Gügügü«-Rufen erkennen. Diese Spechte sind das ganze Jahr über bei uns. Anders der braune Wendehals (8), der neben Parks mit alten Bäumen auch Weinberge besiedelt. Er verbringt den Winter in den Savannen Afrikas und sitzt wie ein Singvogel auf den Ästen.

LAUSCHANGRIFF
Gehen Sie mit offenen Ohren durch Park und Streuobstwiese. Hören Sie Trommeln, Klopfen, die typischen Rufe oder durchdringendes pausenloses Piepen der Küken in der Höhle, so suchen Sie die Stämme und dicken Äste in den Baumkronen nach Spechten ab. Sie können auch Ihr Ohr an den Stamm legen – Holz überträgt Schallwellen sehr gut – und hören, ob der Specht tatsächlich auf diesem Baum tätig ist.

VERLIEBTE EICHHÖRNCHEN

Wo Bäume sind, ist meist das Eichhörnchen nicht weit. Beobachten Sie zwei Tiere, die sich munter den Stamm hinauf, den nächsten hinunter verfolgen – ein Pärchen in den Flitterwochen.

30 AM BAUMSTAMM ZU HAUSE

Braun, zerfurcht und uninteressant – wenn das Ihre bisherige Meinung von Baumstämmen war, widmen Sie ihnen die nächsten Spaziergänge durch Stadt, Park und Gartensiedlungen. Da ist zum einen die Borke, die – gleich einem Fingerabdruck für jede Baumart – ein typisches Muster aus Platten, Schuppen oder Ringeln zeigt und an älteren Bäumen besser zu erkennen ist: die schwarz-weiße der Birke, die gelben und grünen Flecken der Platane, die silberne, mit schwarzen Rauten verzierte der Pappel, die tief gefurchte der Robinie ... Zum anderen sind nicht nur Spechte Meister der Baumstämme. Auch Kleiber, Baumläufer und das beliebte Eichhörnchen verkehren an den senkrechten Stämmen. Der Kleiber huscht kopfüber und kopfunter den Stamm hinauf und hinunter. Dieses Kunststück beherrscht auch das Eichhörnchen, während die Wald- und Gartenbaumläufer wie eine Maus den Stamm hochlaufen; oben angekommen fliegen sie zum Fuß des nächsten Baums (übrigens nimmt man dieses Verhalten auch für den Urvogel Archaeopteryx an). Ein Blick mit der Lupe in die Rindenritzen verrät Ihnen, warum so viele Vögel ihr Glück an den Stämmen versuchen – dort und unter losen Borkenstücken leben unzählige kleine Tiere: Spinnen, Hundertfüßer, Insekten und deren Larven, allesamt beste Nahrung.

M E R

SONNENGRUSS

Der Sommer mit all seiner Wärme, seinen Sonnenstrahlen und den kurzen Nächten ist da. Staut sich tagsüber zwischen steinigen Hausfassaden und gepflasterten Straßen die Hitze, locken die begrünten Plätze, baumbewachsenen Biergärten und Alleen mit Schatten und angenehmer Frische. Dorthin ziehen sich nun tagsüber auch viele Tiere zurück: Vögel mit ihren Küken, die blütenbesuchenden Insekten und die jagenden Spinnen, während die Luft gefüllt ist mit den lauten »Sriiie«-Rufen der Mauersegler, die so typisch sind für den Sommer in der Stadt.

31 ÜBERLEBENSKÜNSTLER IN FUGEN UND RITZEN

Pflanzen sind erstaunlich: Sie finden sie an Tankstellen, im Pflaster, um Müllcontainer, in Asphaltritzen, in Mauerfugen. Halten Sie doch bei Ihrem nächsten Gang durch die Stadt Ausschau nach ihnen. Tritte, Trockenheit, Nährstoffmangel – alles kein Problem! Auf gepflasterten Plätzen finden Sie zwei winzige Pflänzchen: das Niederliegende Mastkraut und das grünsilbrige Silbermoos. Auch Rispengras und Vogel-Knöterich trotzen dem täglichen Getrampel in Fußgängerzonen. Dort, wo viel gegangen wird, wächst neben Löwenzahn, Strahlloser Kamille und Hirtentäschelkraut auch der Breit-Wegerich (Foto), denn ihm machen weder verdichte-

te Böden noch häufige Fußtritte etwas aus. Auch in Mauerfugen können Sie unglaubliche Pflanzenschätze entdecken: Streifenfarn, Gelber Lerchensporn, Rote Spornblume, Mauer-Zymbelkraut, Glaskraut und viele mehr. Wo Pflanzen wachsen, sind Tiere nicht weit. Hummeln, Bienen, Fliegen und Ameisen zählen zu deren Besuchern und Bewohnern. Ganz wichtig: Verfugen Sie weder Mauersteine noch Steinplatten und Pflastersteine mit Beton, sondern lassen Sie diese offen. Der Ökologe Wolfgang Tischler hob auf seiner Terrasse eine Steinplatte hoch und untersuchte die Tierwelt. Er fand darunter über 70 verschiedene Kleintiere, auch Erd-, Sandknoten- und Grabwespen.

32 PIONIERPFLANZEN …

… finden Sie auch auf frisch aufgeschütteten Erdhaufen (Klatsch-Mohn), auf brachliegenden Industrieflächen (Natternkopf), entlang von Zäunen (Taubnessel), auf Baustellen, Ödflächen (Wilde Karde) und Schuttplätzen (Flachs). Auch an Bahngleisen (Königskerze), auf Verkehrsinseln, unter Brücken und auf städtischen Baumscheiben (Dolden-Milchstern) wachsen erstaunliche Pflanzen.

UNANGENEHME GESELLEN

Von manchen Pflanzen sollten Sie die Finger lassen oder sie rechtzeitig entfernen. Der Riesen-Bärenklau (auch Herkulesstaude) ist mit bis zu 3,5 m Höhe das stattlichste Doldengewächs Mitteleuropas. Berührungen führen jedoch zu Hautverbrennungen. Auch die Ambrosie (Beifußblättriges Traubenkraut) sollten Sie von anderen »Unkräutern« unterscheiden können und vor der Blüte im August entfernen: Auf den Blütenstaub reagieren viele Menschen mit Heuschnupfen.

33 ERSATZLEBENSRAUM FELSEN

Die Stadt ist keine unbelebte Betonwüste, sondern voller Leben. Betrachten Sie doch mal eine Häuserschlucht aus der Sicht der Tiere: Die steilen steinigen Hauswände mit Fenstern und Fensterbänken gleichen einer Felsenlandschaft. Bäume und Stadtgrün bilden versteck- und nahrungsreiche Inseln mit heimischen Pflanzen. Brunnen werden zu Wasserstellen, Keller und Kanalisationstunnel zu unterirdischen Höhlen. Verstehen Sie nun, warum es Felsenbrüter wie Mauersegler, Hausrotschwanz, Turm- und Wanderfalke oder Waldvögel wie Amsel, Kohlmeise, Zaunkönig und Nachtigall in die Stadt zieht?

Vögel verändern in der Stadt ihr Verhalten. Kohlmeisen und Nachtigallen singen dort verkehrslärmbedingt lauter und in höheren Tönen, Amseln bauen Handytöne in ihre Lieder ein. Und damit die Vögel sich weiterhin in unseren Städten wohlfühlen, nehmen wir Rücksicht auf sie und belassen Freiflächen als wilde Ecken, lassen Zugänge zu Dachböden und Nischen offen und schaffen neue Lebensräume für sie. Begrünte Wände mit Kletterpflanzen wie Efeu, Wildem Wein, Waldrebe oder Wald-Geißblatt an Straßen und im Hinterhof sind für die Tiere »beblätterte und blühende Urwaldriesen«.

34 SPINNEN IN DER STADT

Viele Menschen mögen keine Spinnen, leiden vielleicht sogar unter Arachnophobie. Und da Spinnen auf der Gefühlsebene eher ein Minus verzeichnen, sollten Sie diese durchweg faszinierenden Tiere einfach von der ökologischen Seite betrachten: Ohne Spinnen würden wir uns nicht retten können vor lauter Insekten. Und so begegnen wir den nächsten Spinnen mit Hochachtung und lassen die Faszination dieser gewieften Jäger auf uns wirken. Neben Spring- und Kreuzspinnen bieten auch die städtischen Lebensräume eine große Vielfalt an Spinnen. Ihre ganz speziellen Jagdmethoden mit Netzen oder als Lauerjäger können Sie gerade im Sommer leicht und quasi überall beobachten.

→ An Hauswänden: die 5 cm großen, kreisrunden Netze der nur 3 mm großen Mauerspinne

→ In Gebäuden: die unregelmäßigen Netze der bis zu 1 cm langen Zitterspinne (die ihr Netz bei der geringsten Störung in Schwingungen versetzt); die unregelmäßigen

LAUERJÄGER IM ZEBRALOOK

An sonnig warmen Hauswänden und Fensterbänken jagt die schwarz-weiß gestreifte Zebra-Springspinne. Meist hüpfend hält sie mit ihren superscharfen, großen Augen nach Fliegen und anderen Beutetieren Ausschau. Hat sie eines erspäht, tupft sie kurz mit dem Hinterleib auf den Untergrund, verankert dabei einen Sicherheitsfaden und stößt sich dann mit ihren beiden Hinterbeinpaaren ab: So schafft sie Sprünge bis zu ihrer zehnfachen Körperlänge, packt die Beute zielgenau und lähmt sie mit einem Giftbiss.

Raumgitternetze mit unter Spannung stehenden Fangfäden der bis zu 7 mm großen Fettspinne

→ An Mauern und Zäunen: die typischen Radnetze mit fehlendem Sektor der bis zu 1 cm großen Sektorspinne

→ Im Keller: die weitmaschigen Trichternetze mit vorgelagertem Fangnetz der bis zu 1,6 cm großen Kellerspinne (Finsterspinne); die schleichende 6 mm große Speispinne, die ihre Beute mit sofort erhärtendem Leim bespuckt

→ Im Gebüsch: die Pflanzenteile überziehenden Haubennetze der verschiedenen, rund 6 mm großen Kugelspinnen (mit dem kugeligen Hinterleib); die baldachinartigen Dachnetze von über 400 verschiedenen Baldachinspinnen (gut sichtbar bei Morgentau, früh aufstehen!); das kleine, auf Blättern und Blumen erbaute Radnetz der gelblich grünen Kürbisspinne; die auf Blüten lauernde weiße oder gelbe Krabbenspinne, die auch wehrhafte Bienen und Wespen überwältigt, da sie keine Farben sieht und deshalb auch keine Tarnfärbung erkennt

Das waren alles Webspinnen, die dank der Spinndrüsen am Hinterleib Spinnseide produzieren können. Weberknechte besitzen im Gegensatz dazu nur Stinkdrüsen, die giftige Substanzen absondern können. Sie jagen gern an sonnigen Hauswänden oder im niedrigen Gebüsch kleine Insekten.

35 KREUZSPINNE IM RADNETZ

Mit ihrem kunstvollen, symmetrischen Radnetz ist die Gartenkreuzspinne wohl die bekannteste unter den heimischen Spinnen, obwohl es bei uns allein zehn verschiedene Kreuzspinnenarten gibt. Überall finden Sie ihre Netze, auch an Brückengeländern und vor Fenstern. Beobachten Sie, wie die Kreuzspinne beim Beutefang ihr Opfer lähmt, fesselt und schließlich das verflüssigte Innere aufsaugt, wie sie täglich ihr Netz baut, nachdem sie das alte aufgefressen hat, wie sich das viel kleinere Männchen mit dem großen Weibchen paart. Schauen Sie zu bei der Eiablage und schließlich beim Schlüpfen der stecknadelkopfgroßen Babykreuzspinnen, die bald davonwuseln und etwa in Maschendrahtzäunen ihre ersten Mininetzchen bauen, die schon genauso perfekt sind wie die ihrer Eltern. Geborene Baumeister!

36 ZEHN INSEKTEN ENTDECKEN

So lautet das Ziel für eine spannende Tour durch die Stadt. Verweilen Sie an den Lieblingsplätzen der Insekten – an Bäumen, Sträuchern, Blumen, Erde, und zählen Sie 1, 2, 3, 4, 5, 6, 7, 8, 9, 10 verschiedene Insekten. Alles gilt, egal ob Biene, Hummel oder Wespe, Käfer, Ohrwurm oder Schmetterling, Fliege oder Mücke – wichtig ist nur, dass es sich tatsächlich um zehn verschiedene Insekten handelt. Dann holen Sie das Bestimmungsbuch raus oder machen ein Foto und bestimmen zu Hause, wen Sie so alles gesehen haben. Und weil man bei dieser Tour die Stadt mal mit anderen Augen sieht, wiederholen Sie sie doch gleich nächste Woche oder nächsten Monat. Tipp: Suchen Sie gezielt Blüten auf. Alle nektar- und pollenhaltigen sind ein Garant für Insektenfunde!

AMEISENLÖWEN

Sehen Sie 5 cm große, trichterförmige Löcher im Sandboden unterhalb vom Dachtrauf, so haben Sie die Larven der florfliegenähnlichen, nachtaktiven Ameisenjungfer entdeckt. Am Grund des Trichters wartet der 1 cm große Ameisenlöwe mit zwei kräftigen Saugzangen darauf, dass eine Ameise in den Trichter gerät und abrutscht.

HUMMEL-SCHWEBER

Sehr gefährlich sieht der 1 cm lange, wollig behaarte Woll- oder Hummelschweber mit seinem fast körperlangen Rüssel aus, den er wie einen Dolch nach vorn gerichtet trägt. Dabei ist er nur eine harmlose Fliege, der wie Schwebfliegen in der Luft stehen bleiben und aus den Blüten Nektar saugen kann.

37 SCHMETTERLINGE GROSS ZIEHEN

Ab Mai können Sie auf Brennnesseln die schwarzen, behaarten Raupen von Tagpfauenauge und Kleinem Fuchs entdecken. Möchten Sie miterleben, wie sich aus den Raupen fertige Schmetterlinge entwickeln? Dann schneiden Sie einen Brennnesselstängel mit zwei oder drei Raupen ab (Handschuhe tragen) und stellen ihn in eine mit Wasser gefüllte Vase, deren

38 LIBELLEN IN DER STADT

Ja, Sie haben richtig gelesen. Zwar sind Libellen in ihrer Entwicklung ans Wasser gebunden, weil die Larven ausschließlich im wässrigen Milieu groß werden, aber es gibt eine ganze Reihe von Libellen, die sich recht weit vom Gewässer entfernen und Ihnen dann mitten zwischen Häuserzeilen begegnen können. Dazu gehört die Blaugrüne Mosaikjungfer, die anspruchsloseste und anpassungsfähigste heimische Großlibelle, die sogar gelegentlich von Katzen erbeutet wird. Auch die Große Pechlibelle, deren Larven gegenüber verschmutztem Wasser relativ unempfindlich sind, kommt mitten in der Stadt vor. Ebenso die häufigen Kleinlibellenarten: Frühe Adonislibelle und Hufeisen-

Azurjungfer. In Städten, durch die ein Fluss zieht, dringt die auffällige Gebänderte Prachtlibelle bis in die Zentren vor. Ab April/Mai können Sie Ausschau halten. Vielleicht entdecken Sie ja noch ganz andere Libellenarten in Ihrer Stadt.

Öffnung Sie zuvor mit Folie verschlossen haben. An einen hellen, warmen Platz ohne direkte Sonneneinstrahlung stellen. Jeden Tag stellen Sie eine Vase mit frischen Brennnesselstängeln neben die alte; wenn die Raupen hinübergewandert sind, können Sie den abgefressenen Stängel entsorgen. Achten Sie darauf, dass die hungrigen Raupen immer genügend Futter haben. Nach drei bis sechs Wochen verpuppen sich die Raupen: Belassen Sie den Stängel einfach in der Vase, stören Sie die Puppen auf gar keinen Fall! Nach ein bis zwei Wochen schlüpfen die Schmetterlinge, die Sie sofort ins Freie entlassen. Kochen Sie sich doch aus frischen Blättern einen Muntermacher-Morgen-Brennnesseltee, der dank hohem Eisengehalt die müden Geister in Ihnen weckt.

VERBRANNT. WAS NUN?

Haben Sie sich an Brennnesseln verbrannt, zerquetschen Sie einige Blätter vom Gundermann und geben den Blättersaft auf die betroffene Stelle.

39 LÄSTIG AM KAFFEETISCH

Kaum sitzt man draußen bei Apfelschorle und Kuchen, schon sind sie da. Besonders im August und September sind die Gemeine und die Deutsche Wespe lästige Zeitgenossen. Und vertreiben lassen sie sich auch nicht. Hartnäckig kommen sie immer wieder. Das alles hat einen Grund. Wespenstaaten werden jedes Jahr neu von der Wespenkönigin, die als einzige den Winter überlebt, gegründet. Es beginnt mit einer Zelle und einem Ei, einer zweiten Zelle und einem zweiten Ei … so dauert es bis zum Spätsommer, bis der Staat auf bis zu 10 000 Tiere angewachsen ist. Und alle wollen satt werden. Der gedeckte Kaffeetisch ist da wie ein All-inclusive-Büfett der Extraklasse.

SCHINKEN ODER ZUCKERGUSS?

Wer im Wespenstaat frisst den Schinken und wer den Zuckerguss? Ganz klar: Die Larven, die stecknadelkopfgroß aus dem Ei geschlüpft sind und so groß wie die erwachsenen Wespen werden müssen, brauchen viel Eiweiß. Darum werden sie mit erbeuteten Insekten und Schinken gefüttert, während die erwachsenen Wespen ihre endgültige Größe schon erreicht haben, aber den ganzen Tag Flugsport betreiben. Ihren großen Energiebedarf decken sie mit Süßem ab, mit Nektar, Honigtau oder eben Zucker.

Zwei Dinge sollten Sie nun tun:
→ Genau hinschauen, dass im Getränk und auf dem Bissen, den man machen möchte, keine Wespe sitzt.
→ Singen Sie ein ruhiges Lied und beobachten Sie das Treiben der

40 IM GELB-SCHWARZEN RINGELLOOK

Mit dem Wespenlook hält man sich alle möglichen Fressfeinde vom Leib. Das wissen auch andere Insekten, die ihren harmlosen Körper deshalb in ein gelb-schwarzes Warngewand stecken. Viele Schwebfliegen machen das so. Sie erkennen sie am typischen Fliegenkörper mit Tupfrüssel, an den großen Augen und Flügeln wie beim Düsenflugzeug. Dann noch die richtig gefährlich aussehende Skorpionsfliege (tut nur so) oder auch gelb-schwarze Käfer wie der 22-Punkt-Marienkäfer oder der Widderbock. Also: Nicht täuschen lassen durch die nur gefährlich scheinenden Nachahmer!

Wespen von ganz nah. Stellen Sie Schinken neben den Kuchen und schauen zu, wie eine Wespe mit ihren scharfen Kiefern ein Stück Schinken herausschneidet wie mit einer Schere. Oder wie sie mit ihren Kiefern kleine Stückchen morsches Gartenmöbelholz abschaben für ihr Papiernest.

Neben diesen beiden Wespenarten gibt es bei uns noch unzählige andere, sehr ähnliche Wespenarten, etwa die kleineren Sächsischen und die Waldwespen. Beide Arten bauen ihre großen Papiernester gern sichtbar in Gartenhäuschen, auf Dachböden oder gar Balkonen. Diese Wespen werden niemals lästig am Kaffeetisch und halten sich auch fern von Menschen. Sie leiden aber unter dem schlechten Ruf der Deutschen und Gemeinen Wespen (die ihre Nester in Hohlräumen im Boden, Kompost oder in Hecken bauen) und ihre Nester werden sofort zerstört. Tun Sie das auf keinen Fall, denn alle Wespen sind hervorragende Schädlingsbekämpfer.

Übrigens brauchen Sie vor Hornissen keine Angst haben. Diese größte heimische Wespenart ist ausgesprochen friedlich, wird niemals lästig und ist keinen Deut giftiger als andere Wespen.

41 FÜR MEHR BIENEN

Ohne Bienen wäre unsere Welt nur halb so schön. Es gäbe keinen Honig, keine Äpfel, keine Kirschen, keine Himbeeren und noch nicht einmal einen bunten Blumenstrauß. Dank der Bienen und Schmetterlinge kamen die Blütenpflanzen überhaupt erst auf die Idee, die Bestäubung nicht einfach dem Wind zu überlassen, sondern sie zuverlässigem Personal anzuvertrauen. Win-win für Pflanzen und Insekten – und zusätzlich für uns Menschen. Doch wir sind auf dem besten Weg, diesem Personal nach Millionen von Dienstjahren den Garaus zu machen: durch Pestizide, durch Vernichtung von Lebensräumen, durch Anbau von monotonem Mais. Die Liste ist lang. Weil wir aber wissen, wie wichtig Bienen für das Leben aller sind, sollten wir kleine Zeichen setzen:

→ Pflanzen Sie viele blühende Kräuter (Rosmarin, Ysop, Thymian u. a.) auf Balkon und Terrasse.
→ Säen Sie heimische Wildblumen an tristen Wegrändern, auf Baumscheiben und in Hochbeeten aus.
→ Pflanzen Sie statt Geranien und Fuchsien heimische Wildstauden, auch auf Balkon und Terrasse.

BIENEN-APP

Für Bienenfreunde gibt es beim Bundesministerium für Ernährung und Landwirtschaft (BMEL) eine kostenlose Bienen-App mit vielen Infos über Bienen und bienenfreundliche Pflanzen: im App-Store »Bienen-App« eingeben.

42 MONITORING

Darunter versteht man das systematische Erfassen, Beobachten und Protokollieren eines Prozesses – z. B. das Leben auf Ihrem Balkon, auf der Baumscheibe vor Ihrem Haus oder im Stadtgrün des benachbarten Parks. Das klingt zunächst öde und sehr technisch, ist aber hochspannend. Solch ein Naturtagebuch macht Lust, regelmäßig mit wachem Blick und offenen Ohren denselben Ort aufzusuchen und zu registrieren, wer denn so alles da ist. Welche Pflanzen, welche Insekten, welche Vögel – auch Tierspuren können Sie aufzeichnen. Na, sind Sie dabei?

43 BESUCH BEIM IMKER

Sie haben noch nie in einen Bienenstock geschaut? Noch nie eine Bienenkönigin auf einer Wabe gesehen? Noch nie den Duft eines Bienenvolks gerochen? Dann wird es Zeit für einen Besuch beim Imker. Wo der nächste ist, erfahren Sie auf der Internetseite vom Deutschen Imkerbund. Dort finden Sie auch die Adressen verschiedener Bienenmuseen. Und wenn die Leidenschaft Sie schon gepackt hat, werden Sie doch selbst zum Stadtimker oder »Urban Beekeeper«. So gibt es etwa seit 2011 die Initiative »Berlin summt«, der sich viele weitere Städte angeschlossen haben. Bienen geht es in der Stadt richtig gut, die Temperaturen liegen einige Grad höher als auf dem Land, Nahrung gibt es in Parks, auf Friedhöfen, Hausdächern, Balkonen, Terrassen und in Gärten. Außerdem sind Pflanzenschutzmittel in der Stadt kein Thema. Interessanterweise gilt Stadthonig als rückstandsarm, während der Landhonig so seine Probleme mit Pflanzenschutzmittelbelastungen hat.

44 LEBEN AUF DEM DACH

Extremisten sind gefordert, wenn es um so extreme Standorte wie die Dächer unserer Häuser geht. Im Sommer herrschen auf den Ziegeln Backofentemperaturen, im Winter ist es eisig kalt. Zudem fegen über die Dachbewohner Sturmböen mit über 100 Stundenkilometern hinweg. Wochenlange Trockenperioden ohne einen einzigen Wassertropfen wechseln sich mit »Land unter«- oder »Schneesturm«-Zeiten ab. Diesen extremen Lebensbedingungen halten Vertreter einer unscheinbaren, aber überall anwesenden Lebensgemeinschaft stand: die Flechten. Sie sind ein langsam wachsendes Team aus Algen und Pilzen, das nur zusammen bestens funktioniert. 90 % des Flechtenkörpers besteht aus einem dichten Gewirr von Pilzfäden, die Wohnraum, Mineralstoffe und Wasser bereitstellen – die anderen 10 % sind Grünalgen, die über Fotosynthese organische Stoffe produzieren und in den Pilzfäden wohnen. So bewohnen fast alle Flechten ausgefallene Biotope wie Dachziegel, Grabsteine und Mauern, auf denen sie mit ihrem grauen, gelben und grünlichen Fleckenmuster eine besondere Patina ergeben.

SCHLECHTE LUFT

Für die Bewertung der Luftqualität werden auch Flechten herangezogen. Denn so resistent sie gegenüber Hitze, Kälte und Trockenheit sind, so hochempfindlich reagieren sie auf Luftschadstoffe, vor allem auf Schwefeldioxid aus Kaminen und Fabrikschloten.

Alte Friedhofsteine können mehr als 100 verschiedene Flechten beherbergen – und wirken so viel lebendiger als sterile neue Grabsteine. Auf Mauern finden Sie die gelbliche *Xanthoria parietina*, die orangefarbene *Caloplaca elegans* und die bräunliche Krustenflechte *Lecanora muralis*. Und wenn Sie irgendwann die Flechten der steinigen Untergründe kennen, widmen Sie sich doch weiteren Flechten: denen auf den Rinden der Stadt- und Alleenbäume, auf Holzzäunen, an Bachläufen, in Wäldern. Übrigens schaden Flechten niemals den Untergründen, auf denen sie wachsen, weder den Mauern noch den Bäumen.

45 IN LUFTIGEN HÖHEN

Freier Anflug, gute Übersicht, wenig Feinde, warmes Siedlungsklima – das sind die unbestreitbaren Pluspunkte für Kirchturm und Kirchdach aus Sicht von Weißstorch, Turmfalke, Dohle, Schleiereule und auch Fledermaus. Darum lohnt sich ein Blick zum Kirchdach immer, vor allem im Sommer. Wie gut, dass oftmals ein offener Marktplatz unweit der Kirchen liegt – dort können Sie sogar Naturbeobachtungen bei Kaffee und Kuchen machen. In den Nischen und Winkeln, in den offen zugänglichen, ruhigen und großen Dachräumen brüten gern Turmfalken, die auch verlassene Krähen- und Elsternester annehmen. Schleiereulen, die nachts vor den Toren der Stadt Jagd auf Mäuse machen, und Dohlen, die geselligen Rabenvögel. Auch verschiedene Fledermäuse wie Hufeisennase oder Mausohr bringen unter Kirchendach-Juchhe ihre Jungen zur Welt oder halten dort Winterschlaf – vorausgesetzt, Einfluglöcher und Brutnischen werden nicht im Zuge der Taubenabwehr mit Gittern verschlossen. Hier sollten unbedingt Nistplätze installiert werden. Weißstörche hingegen sind Freibrüter. Sie bauen ihr wagenradgroßes Nest hoch und weithin sichtbar auf Turm und Dach. So nehmen Sie tagtäglich teil am klappernden Familienleben: von der Rückkehr der Altvögel ab März über Brut und Kükenaufzucht ab April bis hin zu den ersten Flugversuchen der Jungstörche ab August. Herrlich! Mehr Informationen gibt es unter www.lebensraum-kirchturm.de.

FLEDERMAUS-GARTEN

Machen Sie Ihren Garten, Balkon und die Terrasse fledermausfit, indem Sie nachtblühende, nektarreiche Blumen pflanzen, die Nachtfalter – die Lieblingsspeise vieler Fledermäuse – anlocken. Das sind Nachtkerzen und Nachtviolen, Duft-Levkojen und Lichtnelken, Borretsch, Seifenkraut, Wegwarte und das kletternde Wald-Geißblatt.

46 FLEDERMÄUSE – KOBOLDE DER NACHT

Haben Sie gewusst, dass es bei uns 24 verschiedene Fledermausarten gibt? Und viele davon können Sie sogar in den Städten finden. In Wien wurden 22 Arten gezählt, in Berlin 17 und in Zürich 14. Das gibt doch Stoff für sommerliche Nachtexkursionen. Die kleinen, nur drei gummibärchenschweren Zwergfledermäuse sind die häufigsten. Sie jagen gern kleine Insekten im Zickzackflug um Bäume und Straßenlaternen. Auch die größte heimische Fledermaus, das bis zu 40 g schwere Große Mausohr, verbringt den Sommer gern in offenen Kirchdachstühlen, während sich die schnellste heimische Fledermaus, der Große Abendsegler, sogar tagsüber unter die Mauersegler (Vögel) mischt. Weitere Fledermauskandidaten für Ihre Nachttouren sind: Kleine Hufeisennase, Wasser-, Mücken-, Rauhaut-, Weißrand-, Alpen-, Breitflügel-, Nord- und Zweifarbenfledermaus sowie Braunes und Graues Langohr. Und wenn Sie noch einen Fledermausdetektor dabeihaben, können Sie sogar die arttypischen Ultraschallrufe wahrnehmen, mit deren Hilfe Fledermäuse ein millimetergenaues »Hörbild« ihrer Umgebung und Jagdbeute erhalten.

KEINE ANGST …

Fledermäuse sind völlig harmlos! Blutsaugende Vampirfledermäuse gibt es nur in Süd- und Mittelamerika.

47 TIERISCHES NACHTLEBEN

Die Stadt scheint für Nacht-
schwärmer wie gemacht zu sein.
Füchse gehören ebenso dazu wie
Steinmarder, Wildschweine, Feldha-
sen, Waldkäuze und Waldohreulen.
Außerdem gibt es jede Menge Insekten. Die finden Sie um eine der zahlreichen Straßenlaternen, aber auch
wenn Kohl- und Riesenschnaken,
Stechmücken, Marien- und Feuerkäfer
oder eine der über 3 000 verschiedenen Nachtfalterarten ins beleuchtete
Zimmer fliegen. Besonders häufige
Nachtfaltergäste in Räumen sind
Brennnesselzünsler, Eichenspinner,
Erpelschwanz, Hausmutter und Weißer Tigerbär. Dass sich unter Lichtquel-
len leichte Beute machen lässt, haben

auch die Kreuzspinnen entdeckt. Ihre
kunstvollen Radnetze finden Sie dort
besonders häufig.

48 BEI DER »BATNIGHT« MITMACHEN

Jedes Jahr am letzten Augustwochen-
ende ist es so weit: Dann dreht sich
bei der internationalen Batnight mit
Exkursionen, Nachtwanderungen und
Festen alles um die Fledermaus. Wenn
Sie dabei sein möchten, schauen Sie auf
www.nabu.de/aktionenundprojekte/
batnight nach Veranstaltungen in
Ihrer Umgebung. Oder Sie feiern Ihre
eigene Fledermausnacht und erkunden die Fledermäuse rund um Ihr
Zuhause.

49 MAUERSEGLER

»Sriiie-sriiie-sriiie!« – die Mauersegler sind wieder da. Anfang Mai kehren sie aus ihren afrikanischen Wintergebieten zu uns zurück und machen sich durch ihre lauten Rufe und rasanten Flugmanöver am Stadthimmel und zwischen Häuserschluchten bemerkbar. Halten Sie inne, wenn Sie diese tollen Vögel entdeckt haben und genießen Sie ihre einzigartige Flugshow. Und während Sie gucken und staunen, vergegenwärtigen Sie sich das erstaunliche Leben der Mauersegler, das sich nur in der Luft abspielt. Sie berühren nur zum Brüten eine Unterlage, in Nischen unter mehrstöckigen Dachböden, Türmen oder Brücken. Mauersegler erbeuten kleine Mücken und andere winzige Insekten (»Luftplankton«) fliegend mit bis zu 200 Stundenkilometern. Im Flug trinken sie Wasser, sammeln Nistmaterial (Federn, Flugsamen,

NISTHILFE

Mauerseglern können Sie ganz einfach mit speziellen Nistkästen unter überstehenden Dächern helfen. Da sie Koloniebrüter sind, sollten Sie eine ganze Batterie davon montieren. Und bestehende Nistplätze bleiben natürlich unverändert erhalten!

Kein Vogel verbringt so viel Zeit in der Luft wie der Mauersegler.

Halme), werben um den Partner, paaren sich und schlafen sogar, indem sie in warme Luftschichten in bis zu 3600 m Höhe aufsteigen. Dabei ist stets eine Hirnhälfte wach und steuert den Flug. An regnerisch kühlen Tagen ziehen sie Hunderte von Kilometern fort, während die Küken im Nest in einen energiesparenden Starrezustand verfallen. Kaum ist das Wetter wieder schön, sind sie wieder da. Nun wissen Sie, warum Sie Mauersegler nur an richtigen Sommertagen beobachten können.

Im August, wenn der Nachwuchs flugfit ist, ist das kurze Stelldichein bei uns schon wieder vorbei und die Mauersegler verschwinden so plötzlich, wie sie Monate zuvor aufgetaucht waren.

Übrigens sind Mauersegler trotz des ähnlichen Aussehens nicht mit Schwalben verwandt.

50 RABENVÖGEL IN DER STADT

Krähen, Elstern und all die anderen Rabenvögel haben keinen guten Ruf. Das aber völlig zu Unrecht. Sie gehören zu den intelligentesten heimischen Vögeln.

Im westlichen Mitteleuropa lebt die schwarze Rabenkrähe, im östlichen die grau-schwarze Nebelkrähe – beides Formen der Aaskrähe. Die Aaskrähe befindet sich somit gerade in der Artspaltung: Aus einer Art werden zwei. Wann gibt es in der Stadt schon mal so eine Gelegenheit, der Evolution über die Schulter zu gucken?

Eine schöne Reiseaufgabe: Notieren Sie, wo Sie welche der beiden Formen beobachten. Noch unbeliebter als Krähen sind Elstern. Ihnen haftet das Vorurteil an, Nesträuber zu sein, obwohl alle wissenschaftlichen Untersuchungen zeigen, dass sie keinerlei Einfluss auf den Bestand von Singvögeln haben. Schauen Sie doch mal, wie schön eine Elster mit ihrem metallisch glänzenden Gefieder und dem langen Schwanz ist. Auch die Dohlen sind städtische Rabenvögel wie die Eichelhäher, die jedoch nur im Winter in waldnahen Gärten auftauchen.

51

LEBEN IM KOMPOST

Eine solch immense Arten-
vielfalt wie im tropischen Regenwald
gibt es bei uns nicht. Wenn Sie aber in
der Erde graben, im Falllaub wühlen
oder den Kompost abtragen, entdecken Sie dort eine erstaunliche Fülle
verschiedener Tiere. Immerhin leben
in einer Handvoll Boden mehr Lebewesen als Menschen auf der Erde. Die
meisten Kompost- und Bodenlebe-
wesen sind mikroskopisch klein und
nicht mit bloßem Auge, noch nicht mal
mit der Lupe zu sehen. Dafür können
Sie den Abbautrupp von Pflanzenresten und Blättern leicht erkennen:
Regenwürmer, Asseln, Tausendfüßer,
Fliegenlarven, Schnecken und Spring-
schwänze stopfen unermüdlich das
verrottende Material in sich hinein
und scheiden pflanzenverwertbare
Nährstoffe und Humus wieder aus.
Wo so viele Beutetiere sind, bleiben
auch kleine Räuber wie Steinläufer,
Spinnen und Laufkäfer nicht aus. Und
wenn Sie nun all die Kleintiere unter
einer Lupe anschauen, wird Ihre Ent-
deckertour im Kompost zu einem
Ausflug in einen richtigen Gruselfilm.

**HUMUS-
HERSTELLUNG**
Ersetzen Sie eine Seite des
Komposthaufens durch eine
Plexiglasscheibe. So können
Sie jederzeit zuschauen,
wie aus Pflanzenresten
Humus wird.

**SCHLANGEN
IM KOMPOST**
Finden Sie im Juli oder
August längliche, weißliche
Eier im Kompost, so stammen
sie von der völlig harmlosen
Ringelnatter. Ende August
schlüpfen die kleinen
Babyschlangen.

52 TROCKEN, WARM, SONNIG

So müssen die Plätze sein, an denen Sie Zaun- und Mauereidechsen beobachten können. Sie leben in mauerreichen Gebieten, Schutthalden, Eisenbahnarealen, Böschungen und Friedhöfen. Mit Trockenmauern und Legesteinhaufen locken Sie die Reptilien an, die ihren wechselwarmen Körper auf den sonnengewärmten Steinen auf Betriebstemperatur bringen. Erst jetzt sind sie flink genug, um Insekten und andere schnelle Beute zu jagen. Wo allerdings Hauskatzen umherstreifen, sollten Sie das kleine Eidechsenparadies rundum mit Maschendraht schützen.

53 KEINE SCHLANGE: DIE BLINDSCHLEICHE

Auf den ersten Blick sieht man den Blindschleichen nicht an, dass sie Eidechsenverwandte sind. Sie haben einen schlangenähnlichen Körper, bevorzugen schattig feuchte Stellen und kommen nur ab und zu hervor. Die Blindschleiche jagt kleine Nacktschnecken. In der Stadt treffen Sie die Blindschleiche vor allem in Komposthaufen sowie in älteren Grünbereichen, Gärten und Anlagen an, die wenig gepflegt werden. Dort gibt es sowieso das größte Miteinander von Natur, Garten und Mensch.

GOLDRÜCKEN
Achten Sie mal auf die glänzend goldenen kleinen Rückenschuppen der Blindschleiche, die bei manchen Männchen sogar blaue Tupfen aufweisen.

54 LEBEN IM TEICH

Egal ob Garten- oder Stadt-teich – im Sommer sind unsere Gewässer voller Leben. Molchen, Fröschen und Kaulquappen, Enten und Blässrallen mit Küken, Schwimm- und Tauchkäfern, Wasserläufern und anderen Wassertieren können Sie vom Ufer aus zugucken. Wer sie mit einem Kescher vorsichtig herausnimmt, kann sie auch an einem schattigen Platz in einem durchsich-tigen Eimer oder großen Marmela-denglas beobach-ten und sie später wieder zurücksetzen. Erkunden Sie den Lebensraum Seerosen-blatt, indem Sie sie umklappen.

FROSCHKONZERT
Über quakende Frösche gibt es mindestens so viele Streitereien wie über Lärm von spielenden Kindern. Genießen Sie das Froschkonzert als natürliches Zeichen dafür, dass gerade Sommer ist. Und mit dieser positiven Einstellung zum Leben hören wir dem Gequake gern zu, lehnen uns zurück und erinnern uns an schöne Momente.

Auf der Unterseite der großen Blätter tummeln sich viele Tiere: Süßwasser-polypen, das sind kleine Raubtiere in Blumengestalt, milchig weiße, bis zu 3 cm lange Strudelwürmer namens Planarien, die für uns ungefährlichen Fisch- und Pferdeegel, Schlamm- und Posthornschnecken oder gar deren Eigelege. Auf den Blättern beobachten Sie Listspinnen bei der Jagd. Wie Mini-hubschrauber schießen große und kleine Libellen am Ufer hin und her, sie lauern kleinen Beutetieren auf, die sie blitzschnell im Flug mit den Beinen packen. Ihre Larven leben als berüch-tigte Räuber am Teichgrund, und wenn Sie frühmorgens am ersten schönen Tag nach dem Regen am Teichufer die Schilf- und Rohrkolben besuchen, können Sie mit etwas Glück sogar zuschauen, wie eine Libellenlarve us dem Wasser kriecht und sich zu einer Libelle verwandelt.

55 EIN MATSCHBEET? JAWOHL!

In unseren Siedlungen gibt es viel zu viele Flächen, die versiegelt, mit Kies und Steinen belegt, gemulcht oder dicht bepflanzt sind. Offene Bodenstellen sind entweder trocken oder verdichtet. Matsch, also feuchter, möglichst lehmiger Boden – Mangelware! Dabei bereitet es nicht nur richtig viel Vergnügen, mit dem Matsch zu spielen, Figuren daraus zu bauen, sich die Haut zu bemalen, darin zu waten – auch viele Tiere brauchen ihn. Schmetterlinge tanken dort lebenswichtige Mineralien, Wildbienen und Mehlschwalben holen Material für ihre Nester. Das alles spricht für ein kleines, aber feines Matschbeet.

56 DIE ENTDECKUNG DER LANGSAMKEIT

Schnecken gehören nicht zu den beliebten Tiergruppen. Dabei sind sie nah verwandt mit Muscheln und Tintenfischen, allesamt Meeresbewohner. Auch die meisten Schnecken leben im Wasser, nur ein paar haben es an Land geschafft. Die großen Weinbergschnecken gehören ebenso dazu wie die hübschen Schnirkelschnecken oder die unbeliebten Nacktschnecken. Regentage sind Schneckentage – und darum sollten wir auch an solchen Tagen rausgehen, um die bis zu 100 verschiedenen, 1,5 mm bis 20 cm langen »Stadtschnecken« vom Blumentopf über

ritzenreiche Mauern und Rinden bis zu Wegrändern aufzuspüren. Wie viele Schnecken haben Sie entdeckt? Haben Sie schon gesehen, dass eine Schnecke atmet, indem das Atemloch an der Seite sich rhythmisch öffnet oder schließt? Spannende Tiere, nicht wahr?

HILFE BEI BLASEN

Bei wund gelaufenen Füßen und Blasen legen Sie ein sauberes Blatt vom Breit-Wegerich direkt auf die Stelle.

57 HEILPFLANZEN AM WEGESRAND

Auch Heilpflanzen wachsen in der Stadt, am Wegrand, Mauerfuß, auf Öd- und Schuttflächen, an Zäunen, mitten zwischen »Unkraut« und Stadtgrün. Das kamillenähnliche Mutterkraut etwa wehrt Insekten ab. Dazu das getrocknete Kraut pulverisieren. Schafgarbe, Hirtentäschel und Gundermann heilen Wunden, Steinklee hilft bei Prellungen, Hohlzahn lindert Hautkrankheiten, Gänsefuß und Guter Heinrich lindern Gelenkschmerzen, Spitz- und Breit-Wegerich helfen bei Insektenstichen und Brennnesselquaddeln, Huflattich bei Nervenschmerzen, ganz zu schweigen von den allgegenwärtigen Gänseblümchen, Löwenzähnen und Brennnesseln. Pflücken sollten Sie allerdings nur Pflanzen, die an sauberen Plätzen wachsen, ohne Hunde, Autoabgase oder Abwässer.

58 IMMER DER NASE NACH

Heute folgen wir der Nase und schnuppern am Straßenrand an den Blüten. Rosen sind oft duftlos. Wenn Sie aber mal eine duftende Strauchrose entdeckt haben, dann ist das ein Festival für den Geruchssinn. Ein Stockwerk höher duften die Lindenblüten, die als schweißtreibender Tee Erkältungen lindern, und die Blätter von Douglasien. Wollen Sie einen duftenden Pfad anlegen? Dann lassen Sie Feld- und Zitronen-Thymian, Fiederpolster, Laugenblume, Römische Kamille, Polei- und Korsische Minze in den breiten Fugen zwischen Bodensteinplatten wachsen. Dort duftet es nach einem kurzen Regenschauer an heißen Tagen am intensivsten.

59 AUS ALLER WELT

Multikulti herrscht nicht nur bei den Menschen in den Städten und Gemeinden, sondern auch unter den Pflanzen. Und so wird ein Gang durch die Straßen und Parks rasch zu einer Reise um die Welt. Erster Stopp: Amerika. Die Robinie ist die Moorbirke Nordamerikas, denn in den Appalachen, im Osten, besiedelt sie als Pionierbaum frei gewordene Waldflächen und wird später vom Tulpenbaum verdrängt. Von dort stammen auch Douglasie, Mahonie, Blutjohannisbeere, Lupine und der überaus stattliche Mammutbaum. Die Bougainvillea, eine beliebte Kübelpflanze, kam im 18. Jahrhundert aus Südamerika zu uns, etwas später dann die Dahlie. Zweiter Stopp: Orient. Rosskastanien und Tulpen bringen seit dem Spätmittelalter orientalisches Flair in unsere Siedlungen. Dritter Stopp: Asien. Götterbäume, Scheinzypressen und Ginkgo entführen Sie nach China,

Die Heimat der Bougainvillea liegt in Südamerika.

ebenso Winterjasmin und Tränendes Herz, Hortensien gar noch ein Stückchen weiter östlich nach Japan. Dritter Stopp: Afrika. Geranien, Usambaraveilchen und Weihnachtssterne kamen aus Südafrika zu uns.

Wenn die Blätter des Katsurabaums (Cercidiphyllum) welken, duften sie nach Lebkuchen.

AUF REISEN

Auch die Römer haben ihre Spuren in unseren Siedlungen hinterlassen, denn sie brachten einst Ackerröte, Einjähriges Bingelkraut, Gemüse-Portulak, Glaskraut, Guter Heinrich, Katzenminze, Schöllkraut, Schwarznessel, Wermut und auch Walnuss vom sonnendurchfluteten Süden über die Alpen in die düsteren Wälder Germaniens.

60 STADTGEHÖLZE ERKUNDEN

Gerade im Sommer sucht man den kühlen Schatten
von Bäumen und Sträuchern auf. Und wenn Sie dort auf
einer lauschigen Bank sitzen und dem sommerlichen Treiben zuschauen, wenden Sie Ihre Aufmerksamkeit doch mal
den Bäumen und Sträuchern im Stadtgrün zu. Entdecken
Sie die Vielfalt an unterschiedlichen Blattformen: Suchen
Sie ein typisches Blatt von jedem Gehölz aus, pressen Sie es,
kleben es auf weißes Papier und beschriften es mit seinem
Namen, Ort und Datum, an dem Sie es gesammelt haben.
So lernen Sie viele Bäume kennen. Schauen Sie sich die Blüten und Früchte an, die unterschiedlichen Samen von
Ahorn, Hänge-Birke, Hainbuche, Rosskastanie, die
verschiedenen Borken, die Baum und Strauch
vor Sonne, Regen, Wind, Käfern und Pilzen
schützen.

PARKVERBOT

Parken Sie in den warmen
Monaten besser nicht unter Linde
und Ahorn. Bei geeignetem Wetter
vermehren sich die Blattläuse und
lassen ihren klebrigen Kot als Honigtau
hinuntertropfen. Der enthält jede Menge
überschüssigen Frucht-, Trauben- und
Rohrzucker. Honigbienen sind scharf auf
den süßen Honigtau, aus dem sie Wald-
und Tannenhonig machen. Übrigens
greift der wasserlösliche Läusekot
den Lack nicht an, sollte aber
rasch abgewaschen
werden.

61 TOTHOLZ MIT LEBEN FÜLLEN

Schauen Sie sich mal rund um Ihr Zuhause um. Wo können Sie Totholz entdecken? Damit sind keine Holzzäune gemeint, sondern verrottende Baumstämme, Holzhaufen – eine ganze Lebenswelt aus dunklen, feuchten Ritzen und Spalten, in denen unglaublich viele Tiere wie Kröten, Molche, Igel, Insekten, Spinnen, Schnecken und Asseln leben, die ihrerseits Vögel anziehen. Legen Sie aus dem alten Holz Ihres Gartens (Schnittgut) einen Holzhaufen an, stopfen Sie etwas Laub zwischen die Äste und Scheite und pflanzen Sie nektarreiche Blumen rundherum. So schaffen Sie ein Paradies für Tiere – und für sich selbst einen Erlebnisort vom Feinsten.

62 IM DUNKELN IST GUT MUNKELN

Wenn man einen Pflanzenkübel oder Blumentopf beiseiteschiebt, eröffnet sich plötzlich eine ganz neue Lebenswelt: Ein Tausendfüßer rollt sich ein, Asseln huschen davon und Ohrwürmer, manchmal auch ein Spinnen-, Stein- oder Erdläufer (allesamt Hundertfüßer), ebenso Jäger wie die kleinen Fett- und Kugelspinnen, deren Jagdrevier im Dämmerlicht des Blumenuntersetzers liegt. Nehmen Sie sich ein bisschen Zeit für diese erstaunlichen Tiere: Mauer-, Keller- und Rollasseln sind Krebstiere. Ohrwürmer sind Insekten. Die Zangen der Männchen sind groß und gebogen, die der Weibchen kleiner und gerade.

Während Tausendfüßer sich von verrottenden Pflanzen ernähren und niemals 1000 Füße haben, sondern höchstens 260, können Hundertfüßer schmerzhaft zubeißen.

H E R

B   S   T

SPEKTAKEL
DER FARBEN

Häufig schleicht er sich unmerklich
heran, der Herbst, denn viele September-
und Oktobertage sind golden und noch richtig
warm. Doch spürbar werden bald die Tage kürzer,
Nebel lässt Bäume und Häuser in grauem Hauch
verschwinden und die Blätter zeigen bunte Farben,
die, von den ersten Herbststürmen ergriffen,
durch die Straßen wehen. Aber auch jetzt können
Sie draußen viel entdecken, verschiedenste
Wildfrüchte, manche essbar, andere giftig,
oder Gänse und Kraniche, die in
energiesparender V-Formation
über die Stadt ziehen.

63 WILDE FRÜCHTE

Nun leuchten sie kräftig rot, manche auch blau bis schwarz, zwischen grünem Laub hervor: die Früchte an Bäumen und Sträuchern. Da sind in den Hecken die Berberitzen, Hagebutten, Kornelkirschen, Liguster-, Weißdorn-, Schneeball-, Hartriegel-, Pfaffenhütchen-, Heckenkirschen-, Geißblatt- und Mahonienfrüchte, hoch oben die Baum-Haseln, Els-, Mehl- und Vogelbeeren. Sie locken Vögel und klei-ne Säugetiere an, die sich nun vor dem Winter noch mal so richtig den Bauch vollschlagen. Manche Früchte schmecken erst nach dem ersten Frost, wenn die bitteren Inhaltsstoffe in Süßes verwandelt wurden. Vögel mögen gefrorene Früchte lieber als getrocknete, darum die Wildfrüchte auch an den Ästen hängen lassen.

Doch nicht alles, was Vögel, Siebenschläfer und andere Säugetiere fressen, ist auch für uns verträglich. Manche Früchte sind essbar, andere giftig. Wo in Stadtnähe Haselsträucher stehen, können Sie auch auf Nussjagd gehen. Die kleine scheue Haselmaus, eine Verwandte des Siebenschläfers, öffnet Nüsse auf typische Weise: Sie beißt ein kreisrundes Loch in die Schale, das an seinem Rand dann Spuren der Zähne aufweist. Finden Sie solche Nüsse, melden Sie den Fund an www.nabu.de/nussjagd.

Die Haselmaus ist ein Bilch und mit dem Siebenschläfer verwandt.

64 STADTPILZE

Rein gefühlsmäßig suchen wir Pilze im Wald. Wussten Sie, dass Parkanlagen und Gärten mit ungedüngten Rasenflächen ein Eldorado für Pilze sind? An diesen Plätzen gedeihen viele Wiesenpilze ungestört von land- oder forstwirtschaftlichen Aktivitäten, und so finden Sie dort nun die essbaren Fruchtkörper von schokoladenbraunem Birkenpilz, cremeweißem, nussbraun beschupptem Parasol und Rotbraunem Riesen-Träuschling. Im Blumenbeet gedeiht der Große Scheidling, der allerdings dem tödlich giftigen Grünen Knollenblätterpilz sehr ähnlich ist. Im Siedlungsraum finden Sie auch jede Menge ungenießbarer und giftiger Pilze wie Samthäubchen, Kompost- und Karbol-Egerling. Achten Sie am Boden auf Hexenringe, die mehrere Meter Durchmesser erreichen können, auf Judasohren an toten Ästen von Schwarzem Holunder und auf Baumpilze an den Stämmen der Bäume. Pilztouren sind übrigens nicht nur im Herbst erfolgreich. Einige Pilze reifen auch im Frühling, wie z. B. die leckeren Spitz-Morcheln, und im Sommer, besonders nach regnerisch warmen Perioden.

Unter Birken müssen Sie suchen: Dort erscheint von Juni bis Oktober der Birkenpilz.

65 SAMEN AUF WANDERSCHAFT

Bäume, Sträucher und Blumen sind ortsfeste Lebewesen, die an ihrem Standort verwurzelt sind. Mit allerlei Tricks gleichen sie jedoch diese eingeschränkte Beweglichkeit aus und schicken im Frühjahr ihren Pollen, im Herbst dann die Früchte und Samen auf die Reise durch Luft und Wasser. Dabei kommen zwar keine Beine, aber Flügel und Flossen zum Einsatz. Fallschirmspringer, Gleit-, Segel- und Propellerflieger sind der Tross der Luftreisenden, häufig Löwenzahn-, Weiden-, Ahorn- und Birkenfrüchte. Den Erfolg dieser Windflieger erleben Sie, wenn in Blumenkasten oder Dachrinne ihre Samen aufgehen. Im und auf dem Wasser sind die Samen verschiedener Ufer- und Sumpfpflanzen unterwegs. Wenn Sie einen Hund haben, erfahren Sie beim täglichen Gassigehen, wie viele Blumen, Kräuter und Gräser sich durch Epichorie verbreiten: Ihre klebrigen und hakigen Früchte bleiben im Tierfell haften und gelangen so an neue Standorte. Auch im Darm von Vögeln und anderen Tieren gehen Pflanzen auf Reisen – Wildfrüchte verfolgen diese Strategie, und Veilchen lassen ihre Samen von Ameisen trans-

EINE VON TAUSEND

12 000 verschiedene Pflanzen aus aller Welt haben sich bei uns angesiedelt. Nur eine von 1 000 gilt als problematisch, weil sie heimische Arten verdrängt oder für Mensch und Tier giftig ist. Das sind vor allem Herkulesstaude (Riesen-Bärenklau) aus dem Kaukasus, Indisches Springkraut aus dem Himalaja, Staudenknöterich aus Ostasien sowie Beifußblättriges Taubenkraut (Ambrosie), Kanadische Goldrute und Spätblühende Traubenkirsche aus Nordamerika.

portieren. Dazu hängt dem Samen ein leckeres Eiweißpäckchen an. Ganz trickreich macht es der Breit-Wegerich. Seine klebrigen Samen bleiben an den Schuhsohlen haften und werden so entlang der Wege über den ganzen Erdball verbreitet.

66 BIONIK LIVE

Sie ahnen gar nicht, wie viele Erfindungen der Mensch bei der Natur abgeschaut hat: Da sind die Klettverschlüsse, deren Funktionsprinzip von Klettenfrüchten kommt, der Pfeffer- oder Salzstreuer, der an die Streukapseln vom Mohn erinnert, die selbstreinigenden Blattoberflächen von Seerosen und anderen Pflanzen oder die Knospen, die perfekt verpackt sind. Nach den ersten Frösten, wenn der Wespenstaat zugrunde gegangen ist, können Sie das Wespennest begutachten: Es ist aus feinstem Papier gemacht. Achten Sie mal auf die variable Flugtechnik der Libellen, die in Hubschraubern umgesetzt wird, und die Stellung der Federn in den Flügeln, wenn ein Vogel startet, bremst oder landet – das ahmen moderne Flugzeuge nach. Erkunden Sie auf Ihrer nächsten Tour durch die Stadt all die verschiedenen Naturerfindungen in Architektur und Technik. Vielleicht entdecken Sie dabei auch noch etwas ganz Neues.

67 STANDORTWUNDER

Weiden sind Meister im Besiedeln von freien Flächen. Dank winziger, ultraleichter Samen schaffen sie es sogar auf die höchsten Dächer, keimen auf dem kleinsten Fleckchen Erde und erobern so als Pioniere viele neue Standorte für Pflanzen. Da Weiden sich gern an feuchten Plätzen ansiedeln, liefern diese robusten Gehölze Hinweise auf Nässe – im Siedlungsbereich etwa dort, wo Kanalsysteme undicht sind. Wo gedeihen Weiden in Ihrer Nähe?

68 ZEHN BÄUME KENNEN LERNEN

Nicht alle Gehölze ertragen Stadtbedingungen, denn mit knappem Bodenraum, winterlichen Salzgaben und abgasreicher Luft muss man erst mal zurechtkommen. Weil sich zudem in der Stadt wie in keinem anderen Lebensraum bei uns heimische mit exotischen Arten mischen, finden Sie dort eine viel größere Vielfalt an Bäumen. Darum ist die Herausforderung, zehn Bäume kennenzulernen, im Siedlungsraum eine größere als in Wald, Feldrain oder Gebirge. Diese Bäume finden Sie in jeder Stadt: die Rosskastanie (1), der typische Biergartenbaum mit Handschmeichlerfrüchten, die Platane (2) mit ihren interessanten Früchten und ihrer Borke, der Spitz-Ahorn (3) mit seinen tollen Spielfrüchten, die Linde (4) mit ihren duftenden Blüten und hängenden Früchten, die Robinie (5), ebenfalls mit duftenden Blüten, allerdings mit giftigen Früchten, die Eibe (6), deren Pflanzenteile alle sehr giftig sind, außer dem roten Samenmantel. Das sind schon die ersten sechs. Weitere Baumkandidaten in Siedlungen sind die Säulen-Pappel (7), die schon Napoleon als Allee für seine Soldaten pflanzen ließ, die Trauben-Eiche (8), auf deren Pfählen schon jahrhundertelang so manche Altstadt wie Amsterdam oder Venedig steht, die Trauer-Weide (9), ein malerisch am Wasserrand stehender Stadtparkbaum, und der Ginkgo (10), unter dem in der Jura- und Kreidezeit mancher Dinosaurier geruht hat, der erst im vereisten Europa der letzten Millionen Jahre verschwunden ist und heute nur in der chinesischen Provinz Tschekiang wild vorkommt. Wenn Sie jetzt weiter nach Bäumen schauen, fallen Ihnen viel mehr Arten auf. Versuchen Sie, auch diese zu bestimmen.

BITTE VON HIER!

Sollten Sie einen Baum oder Strauch pflanzen, so bevorzugen Sie heimische Gehölze – mit jeder heimischen Pflanze geben Sie vielen neuen Tierarten einen Lebensraum.

69 UNTER KASTANIEN

Gleich zu Beginn: Kastanie ist nicht gleich Kastanie. Da gibt es zum einen die Edel- oder Ess-Kastanie *(Castanea sativa)*, die vor allem in Weinbaugebieten wächst. Ihre Früchte werden als heiße Maronen auf Weihnachtsmärkten angeboten. Zum anderen gibt es die Rosskastanie *(Aesculus)*, in unseren Siedlungen die Gewöhnliche Rosskastanie *(A. hippocastanum)* mit weißen Blütenkerzen und die Rotblühende Rosskastanie *(A. x carnea)* mit den bekannten Kastanien. Besonders stattliche Exemplare entdecken Sie in alten Biergärten, denn dort beschatteten die Bäume die Eiskeller, in denen das Bier gekühlt wurde. Auch in Schlossparks ist sie häufig. Dort wurde die auf dem Balkan heimische Rosskastanie im 17. Jahrhundert als edler Baum gepflanzt. Maronen und Kastanien sind die Samen dieser Bäume. Die Früchte von *Castanea* sind igelstachelige Fruchthüllen, die mit Samen herabfallen, die von *Aesculus* sind weniger stachelig und fallen ohne Hülle herab. Nun geht's aber ans Sammeln und Verarbeiten.

ROSSKASTANIENMINIERMOTTE

Leider sind die Blätter vieler Rosskastanien schon im Sommer braun. Im Gegenlicht erkennen Sie in den braunen Flecken befallener Blätter die kleinen Larven dieser Falter, die das Blatt frühzeitig welken lassen.

70 BLICKPUNKT BLÜTEN

Ist Ihnen schon aufgefallen, dass die Gänseblümchen auf dem Rasen nicht immer geöffnet sind? Pflanzen sind nicht so bewegungslos, wie manche denken. Im Gegenteil. Pflanzen reagieren auf vielerlei Reize.

→ Beispiel Licht: Pflanzentriebe wachsen zum Licht hin – das sehen Sie schon auf der Fensterbank. Zimmerpflanzen wachsen eindeutig schief zum Fenster hin. Wurzeln halten es übrigens genau andersherum. Sie wachsen vom Licht weg. Manche Pflanzen wie Springkräuter senken abends ihre Blätter.

→ Beispiel Wärme: Gänseblümchen öffnen sich am Morgen und schließen sich am Abend. Dasselbe Phänomen können Sie bei Löwenzahn, Geranien, Anemonen, im kommenden Frühling bei Tulpen und Krokus beobachten.

→ Beispiel Schwerkraft: Die Knospen von Mohn hängen nach unten. Sobald sie aufblühen, richten sie sich gegen die Gravitation auf.

→ Beispiel Berührung: Die Ranken von Weinreben, Zaunrübe und anderen Pflanzen winden sich um eine Stütze, sobald sie diese berührt haben.

Besonders spannende Pflanzenbewegungen sind die Schleuderbewegungen, durch die Springkräuter oder Spritzgurken mit Highspeed ihre Samen verteilen.

71 BEOBACHTUNGEN IN DEN HECKEN

In einer naturnahen Heckenpflanzung mit heimischen Blüten- und Fruchtsträuchern leben über 2 000 verschiedene Tiere, vor allem Spinnen und Insekten, aber auch Laubfrösche, verschiedene Vögel und Kleinsäuger. Ihre Spuren finden Sie als Nester, angeknabberte Blätter oder Spinnennetze. An einem Herbstmorgen, wenn Tau liegt, sind sie besonders gut wahrzunehmen. Ohne Tau tut es ein Wassernebel aus der Sprühflasche – da sind sie, die waagerechten Stolpernetze der Baldachinspinnen. Und weil Wildsträucher so wichtig für unsere Tiere sind, greifen Sie doch gleich zum Spaten.

WURMS VOLLKORNBROT
Übrigens mögen Regenwürmer die schwerer verrottenden Eichen- und Walnussblätter sehr gern. Sie sind das ballaststoffreiche »Vollkornbrot« auf ihrem Speisezettel.

72 LAUB ÜBER LAUB

Jedes Jahr erfreuen wir uns im Frühling am frischen Grün der Bäume und Sträucher und im Sommer am kühlen Schatten, den sie spenden. Doch nun macht sich der nahende Winter auch durch braun, rot und gelb verfärbte Blätter sichtbar – und mit den ersten Herbststürmen werden diese dann herabgeweht und liegen als Falllaub am Boden. Nicht ärgern! Denn die Natur liefert für ein perfektes Recycling auch gleich die Müllarbeiter in Form von kleinen Bodenbewohnern mit, die sich vom Laub ernähren und daraus Humus machen. Kehren Sie dazu das Laub unter die Sträucher, auf Beete und offene Erdflächen; decken Sie es mit etwas Sand oder Erde ab, damit es nicht vom Wind verweht wird, oder geben Sie es auf den Kompost. Im Laub überwintern außerdem gern Igel, Insekten und andere Nützlinge und es schenkt Ihnen die feine Möglichkeit, sich an der frischen Luft zu bewegen. Das ist nicht nur gut für die Umwelt, sondern vor allem für Sie!

73 WANDERFALKEN AUF DEM VORMARSCH

Vor 60 Jahren war der größte Falke Mitteleuropas eines der Sorgenkinder unter den Vögeln. Der Bestand war aufgrund der Verfolgung durch Taubenzüchter, durch DDT und andere Pestizide auf eine Handvoll Brutpaare zusammengebrochen. Heute hat der Wanderfalke, das schnellste Tier der Erde, mit Flügelspannweiten von bis zu 110 cm, erfolgreich Basel, Berlin, Frankfurt, Hamburg, München, Wien, Zürich, das Ruhrgebiet und viele andere Städte zurückerobert. Er brütet an Hochhäusern, Kühltürmen und Kaminen. So können wir ihn wieder bei der rasanten Luftjagd auf Stadttauben, Lachmöwen, Stare und Drosseln mit Sturzflügen bei über Tempo 200 beobachten.

74 UNSER HÄUFIGSTER GREIFVOGEL …

… ist der Mäusebussard. Er ist bis zu 58 cm lang, hat eine Spannweite von maximal 132 cm und wiegt etwa 1 kg. Regelmäßig brütet er in Stadtwäldern, regelmäßig können Sie seine verschiedenen Jagdstrategien bewundern. Im kreisenden Flug, aus dem lauernden Sitz auf Straßenlampen und Zaunpfählen, zu Fuß am Boden. Leider gehört er auch zu den häufigen Verkehrsopfern, da er bei der Jagd konzentriert auf Mäuse ist und die Fahrbahn im schrägen Beuteflug quert, ohne auf den Verkehr zu achten. Im Winter ziehen Mäusebussarde aus dem Norden und Osten zu uns, dafür verbringen jüngere Vögel die kalte Jahreszeit im Mittelmeerraum. Das ist nicht schwer nachzuvollziehen.

Am helllichten Tag gibt es über Frankfurt und anderen Städten ein Naturerlebnis der besonderen Art: Kraniche ziehen hoch am Himmel in V-Formation vorbei.

75 FLIEGEN IM V

Im Oktober und November gibt es am Himmel ein Schauspiel der besonderen Art zu sehen, ganz besonders häufig in Niedersachsen, Nordrhein-Westfalen, Hessen oder Rheinland-Pfalz, denn diese Bundesländer liegen an der Zugroute der Sonnenvögel. Dann fliegen Zehntausende Kraniche, die sich an den traditionellen Rastplätzen im Norden und Osten Deutschlands den Bauch vollgeschlagen haben, im energiesparenden V-Flug über uns hinweg. Ziel sind die Überwinterungsgebiete in Frankreich, Spanien und Nordwestafrika. An der Spitze wechseln sich fortlaufend die kräftigsten, erfahrensten Tiere ab, es folgen die Familien mit den Jungkranichen. Bei gutem Wetter ziehen die Kraniche nonstop mit Tempo 80 in den Süden. Im Frühjahr kehren die stattlichen Vögel dann auf einer noch schmaleren Zugtrasse in den Norden zurück.

Auch Bläss-, Saat-, Grau- und andere Wildgänse, ja sogar Sing- und Zwergschwäne ziehen nun auch von ihren sibirischen Brutgebieten über Osteuropa an den Niederrhein, wo sie den Winter verbringen. Gänse wandern genauso in V-Formation.

GROSSE GEFIEDERTE

Noch mehr richtig große Vögel ziehen in Herbst und Winter in die Stadt: Kormorane fallen durch ihr kreuzförmiges Flugbild und das Trocknen des Gefieders mit halb ausgestreckten Flügeln auf. Graureiher treffen Sie an den städtischen Gewässern und zuhauf bei Robbenfütterungen im Zoo an. Graugänse bleiben auch in der kalten Jahreszeit in Parkanlagen mit Weihern bei uns und Höckerschwäne sieht man ohnehin häufiger in der Stadt als auf dem Land.

76 PAPAGEIEN BEI UNS?

Auch wenn Sie Ihren Augen nicht trauen, es ist tatsächlich wahr: Bei uns gibt es frei lebende wilde Papageien. Halsbandsittiche z. B., die in den 1960er-Jahren massenhaft aus Indien eingeführt wurden, entkamen, überlebten nicht nur den Winter, sondern bauten sogar in der Region Mainz-Wiesbaden stabile Populationen mit mehreren Hundert Tieren auf. Heute gibt es Kolonien dieses 40 cm großen Papageis entlang des Rheins, in vielen Städten zwischen Heidelberg und Düsseldorf sowie in Hamburg. Insgesamt leben etwa 8 500 Tiere bei uns. Am besten können Sie die grünen Vögel mit dem roten Schnabel im blattlosen Geäst der Bäume ausmachen. Besonders spektakulär geht es abends zu, wenn die Sittiche im Tiefflug angeschossen kommen und sich laut kreischend um die besten Plätze im angestammten Schlafbaum streiten. Doch auch tagsüber machen die tropischen Vögel ordentlich viel Lärm. Südamerikanische Gelbkopfamazonen in Stuttgart und Hamburg sowie Mönchssittiche im Rheinland gelten mittlerweile als etablierte Vögel. Alexandersittiche fühlen sich in Wiesbaden und Köln wohl und von weiteren Papageienarten wie Mohrenkopfpapagei, Graupapagei, Blaumaskenamazone, Nymphensittich, Bartsittich und verschiedenen Unzertrennlichen wurden frei fliegende Exemplare beobachtet.

EINST PAPAGEIENLAND

Übrigens lebten schon vor rund 50 Millionen Jahren Papageien bei uns, wie Fossilfunde in der weltberühmten Grube Messel bei Darmstadt zeigen. Die Grube ist auch einen Besuch wert.

77 GEFAHR FENSTERSCHEIBE

Spiegelt sich die Umgebung in einem Fenster oder ist die freie Landschaft hinter einer durchsichtigen Scheibe zu sehen, kann das Vögeln zum Verhängnis werden. Aufgeklebte Greifvogelsilhouetten nutzen gar nichts. Markieren Sie die Scheiben mit Vorhängen, hängen Sie Dekoschnüre davor oder malen Sie lebensgroße Fuchs-, Katzen- oder Hundeköpfe darauf. Hilfreich dabei: www.birdpen.de.

78 TRINKWASSER FÜR DIE GEFIEDERTEN

Mit Nistkasten, Futterhäuschen und Federn haben Sie schon die Vögel rund ums Haus versorgt. Nun fehlt noch eine Vogeltränke. Vögel trinken täglich Wasser, auch im Winter. Können sie dies ganzjährig bei Ihnen, müssen durstige Tiere keine unnötig weiten Flüge unternehmen, kein salzhaltiges Schmelzwasser am Straßenrand zu sich nehmen und zusätzlich sparen sie Energie. So eine Tränke ist leicht gebaut. Das einfachste Modell ist ein Blumentopfuntersetzer, in den sie ein paar flache Steine zum Landen hineinlegen. Ideal ist eine flache, allmählich tiefer werdende muldenförmige Schale mit rauer Oberfläche, in der höchstens 5 cm Wasser steht, natürlich mit Steininseln. Solch eine Schale können Sie kaufen, selbst töpfern oder aus Beton gießen, mit einem Rhabarberblatt als Formgeber. Ein Tränkenwärmer, wie im Geflügelstall üblich, hält das Wasser auch bei frostigen Temperaturen eisfrei.

Besonders tückisch sind Scheiben, in denen sich die Umgebung spiegelt. Darum sollten Sie alle Glasscheiben rund um Futterplätze sichtbar machen.

HILFE FÜR KLEINE IGEL
Finden Sie verwaiste, unselbstständige Igelbabys, einen verletzten, kranken oder bei Frost tagsüber aktiven Igel, so bringen Sie das Tier zum Tierarzt oder in die Igelstation. Auch junge Igel, die Anfang November noch keine 500 g wiegen, brauchen Ihre Hilfe.

79 WILLKOMMEN, STACHELIGER FREUND IGEL

Igel haben ein rundum positives Image und weil sie in der Stadt eine zwei- bis dreimal höhere Bestandsdichte als auf dem Land haben, sind Igelbegegnungen recht häufig.

Igel schätzen die gegliederten Gärten mit krautiger Vegetation, Hecken zum Unterschlüpfen und mit insektenreichen Kompost-, Laub- und Asthaufen. Regenwürmern stellen sie auf dem Rasen nach. Allerdings werden Igel auch häufig von Autos überfahren. Grund dafür sind die mehrere Kilometer weiten nächtlichen Wanderungen zur Nahrungssuche. Wenn Sie Ihren Garten durch mehrere 10 bis 15 cm hohe und breite Öffnungen in Zaun und Mauer durchlässig für Igel machen, muss er die Straße seltener überqueren und erledigt nebenbei noch jede Menge lästiger Nacktschnecken

So leicht schaffen Sie Igeln Zugang zum Garten, wenn das Grundstück von einem Zaun umgeben ist.

auf Beeten und Rabatten. Schwarze Kotwürste verraten Ihnen seine nächtliche Anwesenheit.

Igel verschwinden im November unter Büschen, wo sie bis zum April Winterschlaf halten. Kehren Sie das ganze Laub in dicken Haufen unter die Sträucher und lassen Sie es dort bis ins Frühjahr hinein liegen. Leichtgewichtige Igel dürfen Sie im Herbst auch erst einmal mit Katzen- oder Igeltrockenfutter unterstützen. Ein ungewürztes Rührei kommt ebenfalls gut an.

80 VORBEREITUNG AUF DIE WINTERZEIT

Selbst die schönsten Herbsttage können nicht verbergen, dass der Winter vor der Tür steht. Auf Stromleitungen sammeln sich Schwalben und andere Zugvögel wie Klammern auf einer Wäscheleine. Sie halten dabei immer denselben Individualabstand zueinander. Am Himmel ziehen Vögelschwärme vorbei, Mauersegler haben Sie schon lange nicht mehr gehört und auch andere Tiere zeigen, dass sie sich auf die kalte Jahreszeit vorbereiten. Das können Sie beobachten: Jungspinnen lassen sich an feinen Spinnfäden mit dem Wind an neue Standorte wehen (Altweibersommer). Buchfinken und andere Singvögel schließen sich zu Trupps zusammen. Eichhörnchen sammeln Nüsse, Eicheln und andere Baumfrüchte und verstecken sie als Vorrat. Fledermäuse fliegen deutlich früher und schon in der Dämmerung, um noch möglichst viele Insekten zu futtern. Siebenschläfer verbringen den Tag nun gern in Nistkästen. Und sogar die Gehölze bereiten sich auf den Winter vor. Sie bilden Knospen und schließen somit die diesjährige Wachstumsperiode ab.

T E R

RUHE KEHRT EIN

Man spürt es überall. Winterkälte.
Kurze Tage. Kahle Bäume. Graue Farben.
Und doch zeigt sich zwischen den blattlosen
Gehölzen und tristen Grün- und Parkanlagen
noch immer viel Natur, denn die Stadt ist für die
Tiere gerade im Winter ein guter Ort: Warme Plätze.
Viel Nahrung. Geschützte Verstecke. Und so
schauen Sie sich um, nach den Vögeln, den
Pflanzen und in der Dunkelheit nach den
Sternen. Winter in der Stadt ist immer viele
Entdeckungs- und Erkundungsstunden
wert. Was war Ihre schönste
Beobachtung im Winter?

81 KRÄHEN

Nun fallen die Saat-, Raben- und Nebelkrähen besonders auf. Lärmend sammeln sie sich am Nachmittag zu immer größeren Scharen, die am Himmel mit lauten »Kra-kra«-Rufen ihre Bahnen ziehen, um schließlich bei Einbruch der Dämmerung auf den angestammten Schlafbäumen zu landen. Wer meint, an den Schlafplätzen gehe es mucksmäuschenstill wie in einem Klosterdormitorium zu, der täuscht sich. Bis weit in die Nacht hinein wird dort lautstark palavert, gestritten, diskutiert und gezankt. Auch die kleineren Verwandten der Krähen, die Eichelhäher, sind nun gern im lockeren Trupp unterwegs. Zu dritt, zu viert, zu fünft verlassen sie im Winter die Wälder und fallen in die angrenzenden Gärten, manchmal sogar in die Städte ein. Übrigens ist es auch an den Schlafplätzen der Stare selten ruhig.

ANGELOCKT
Immer mehr Eichelhäher suchen menschliche Siedlungen auf. Mit leuchtend gelben Maiskolben locken Sie diese Vögel an die Futterstelle.

An den angestammten Schlafbäumen finden sich abends Hunderte Krähen ein, lärmend wie eine bunte Partygesellschaft.

82 BEI DER »STUNDE DER WINTERVÖGEL« MITMACHEN

Was im Mai die »Stunde der Gartenvögel« ist, ist Anfang Januar die »Stunde der Wintervögel«. Zählen Sie mit bei dieser bundesweiten Aktion, die bei Jung und Alt das Interesse an Vögeln weckt und bei der Sie viel erleben können. Sie erfahren z. B., welche Vögel in Ihrem Landkreis am häufigsten vorkommen oder wie sich die Artzusammensetzung im Vergleich zum Vorjahr verändert hat. Mehr Informationen und den kostenlosen Meldebogen finden Sie unter www.stunde-der-wintervoegel.de.

83 GROSSE NESTERSUCHE

Schauen Sie doch mal nach oben in die laublosen Baumkronen und Sträucher. Was im Frühjahr und Sommer noch verborgen war, wird nun sichtbar: die kunstvollen Nester unserer Vögel. Die kleinen Näpfchen der Finken thronen schwankend auf zarten Ästchen, Buchfinken tarnen es zusätzlich mit feinen, aber reißfesten Spinnenfäden am Baum. Amselnester sind größer und liegen näher am Stamm, die der Grasmücken eher in niedrigem Geäst. Die Nestmulde formt meist das Weibchen mit seiner Brust, die es mit drehenden Bewegungen gegen Wände und Boden drückt – wir könnten es mit der geballten Faust ebenso tun. Singvögel nutzen die kleinen Nester aus Stängeln, Zweigen, Blättern, Flechten, Moosen, Federn, Haaren und anderem Material nur einmal, nutzen diese Materialien aber gern zum Bau des nächsten Nestes – Recycling wird in der Natur großgeschrieben. Elstern und Eichhörnchen bauen ähnliche Nester; die der Elstern liegen stets weit oben, die der Eichhörnchen in Stammnähe.

DRUIDENNEST

Ist die vermeintliche Nestkugel ganz grün, auch im Winter, dann haben Sie eine Mistel entdeckt. Nun wissen Sie, wo die Misteln herkommen, die auch gern auf Weihnachtsmärkten angeboten werden. Misteln sind immergrüne Sträucher, die bis zu 70 Jahre alt werden. Weil sich jedes Jahr die kurzen Zweige gabeln, können Sie das Alter einer Mistel durch einfaches Abzählen der Verzweigungen ermitteln. Nur die weiblichen Misteln tragen weiße, beerenartige Scheinfrüchte, die gern von Vögeln gefressen werden. Dabei bleibt das Fruchtfleisch gern am Schnabel haften – um es loszuwerden, reiben die Vögel ihre Schnäbel am Ast und kleben so die Mistelsamen dorthin, wo eine neue Mistel keimen kann.

Am Futterhaus zeigen sich Grünfinken gern von ihrer zänkischen Seite.

DIE OPTIMALE FUTTERSTELLE …

… für Vögel besteht aus einem überdachten Futterhaus (Fläche mindestens ein viertel Quadratmeter, Abstand 30 cm zwischen Dach und Bodenbrett) und einem Futterbrett, auf dem Sie Streufutter anbieten, aus aufgehängten Fettknödeln und -ringen (Meisenknödel), einem mit Sonnenblumenkernen gefüllten Futtersilo sowie einem Erdnussspender.

84 VÖGEL AM FUTTERHAUS

Wenn Sie meinen, ans Futterhaus kommen nur eine Handvoll Vögel, dann überzeugen Sie sich bei einem Besuch dort vom Gegenteil. Bis zu 15 verschiedene Vogelarten: Neben Amsel, Kohl- und Blaumeise auch Haussperling, Grünfink, Kleiber, Buntspecht, Türken- und Ringeltaube, Star, Rotkehlchen, Heckenbraunelle, Buch- und Bergfink, selten auch Hausrotschwanz und Mönchsgrasmücke. All diese Arten können Sie im Winter in der Innenstadt beobachten, rund ums Jahr sogar bis zu 30 Arten. In den Parks und am Rand der Stadt wächst die Zahl der beobachteten Vögel rapide an, gefüttert werden sollten sie allerdings nur im Winter. Wenn dann die Vögel am Futterplatz eintreffen, lehnen Sie sich gemütlich zurück und beobachten das muntere Treiben. Halten Sie genügend Abstand, damit die Vögel ungestört sind, gucken Sie auch mit dem Fernglas. Es lohnt sich, Vögel zu füttern – nicht nur für die Vögel, sondern gerade auch für Sie!

85 WINTERGESANG

Sie täuschen sich nicht, wenn Sie mitten im Winter Vögel singen hören. Folgen Sie mit Ihrem Ohr den leicht wehmütig klingenden Strophen und entdecken dabei ein Rotkehlchen mit roter Brust, Kehle und Stirn. Sein Gesang hat einen Grund: Rotkehlchen verteidigen ihr Revier vor allem im Winter vehement. Auch im Schein von Straßenlampen singen Rotkehlchen gern, auch mitten in der Nacht. Der Zaunkönig ist der zweite Singvogel im Bund, den Sie auch im Winter hören können. Bei so einer lauten Stimme ist es kaum zu glauben, dass der Zaunkönig der fast kleinste Vogel Europas ist. Er wiegt nur so viel wie vier Gummibärchen. Im Januar oder Februar stimmt dann der nächste Vogel ins Konzert ein, die Kohlmeise mit ihrem fröhlichen »Zizibä«. Dann steht der Frühling auch schon vor der Tür.

86 EIN WEIHNACHTSBAUM VOR DER TÜR

Schenken Sie doch in diesem Jahr den Vögeln einen Weihnachtsbaum. Daran hängen neben Kugeln und Lichtern auch Meisenknödel, Apfelstücke, mit Erdnüssen gefüllte Stangen und andere Leckereien. Oder wie wäre es mit einem Adventskalender für unsere gefiederten Freunde, bei dem sie täglich einen neuen Leckerbissen an einem Adventskranz (vielleicht am selbst gebundenen Kranz von Tipp 96) anbieten?

87 WINTERGÄSTE IN DER STADT

Im Norden ist es im Winter sehr unwirtlich. Darum verbringen manche Vögel die kalte Jahreszeit gern bei uns: Bergfinken fallen dann in riesigen Schwärmen ein. Auch Rot- und Wacholderdrosseln können Sie nun beobachten, in manchen Jahren auch die wunderschönen Seidenschwänze. Ein Erlebnis der besonderen Art ist es, wenn Waldohreulen (Foto) im Winter Stadtvögel werden. Manchmal versammeln sich bis zu 50 Individuen bei Tagesanbruch in den kahlen Baumkronen der Friedhöfe, Parks und Gärten. Dank ihrer Federohren sind sie gut zu erkennen – sobald es dunkel wird, verschwinden sie wieder.

88 ZEHN WILDTIERE KENNEN LERNEN

In der Stadt geht es wilder zu, als Sie denken. Nicht nur jede Menge Wildpflanzen machen sich dort breit, auch Tiere zieht es in die Städte. Da es nun in den Grünanlagen und Parks ruhiger ist als im Sommer, entdecken Sie dort nicht nur den kleinsten Vogel Europas, das Wintergoldhähnchen (1), das nur so viel wiegt wie zwei bis drei Gummibärchen, sondern auch den Sperber (2). Er beobachtet manche Futterstellen ganz genau und versucht im Blitzangriff aus dem Hinterhalt sein Glück. Doch die aufmerksamen Singvögel sind nicht so leicht zu überraschen. Das Reh (3) dringt auf der Suche nach Nahrung manchmal weit ins Stadtgebiet ein, vor allem im Winter. Nun ist es stets zu mehreren unterwegs, manchmal auch noch am helllichten Tag. Eichhörnchen (4) sind an manchen Orten so zutraulich, dass sie sogar eine Nuss aus der Hand annehmen. Stehen Sanddorn und andere früchtetragende Sträucher in Gärten und Parkanlagen, können die bunten Fasane (5) auftauchen. Aus dem Flugloch eines Nistkastens herausquellende Blätter verraten,

BETT-GEMEINSCHAFTEN
Zaunkönig, Kohlmeisen und Baumläufer kuscheln sich in eiskalten Nächten gern in Baumhöhlen oder Nistkästen mit Artgenossen zusammen. Sie verlassen ihre Schlafstätte aber meist sehr unauffällig.

1

2

3

4

5

89 MÄUSE – FLINKE NAGER

Wo es was zu futtern gibt, sind Mäuse nicht weit. Und so leben die flinken Nager in allen Siedlungen, egal ob groß oder klein. Hausmäuse bleiben das ganze Jahr über drin, sind aber in modernen Wohnhäusern selten geworden. Beobachten Sie Mäuse im Stadthaus, so sind es meist Waldmäuse. Sie, die bekannten »Gleismäuse« offener Bahnhöfe und Bahnareale, haben nun die größte Populationsdichte erreicht und wandern gern in die Städte. Im Frühjahr verschwinden sie wieder. Rötelmäuse nagen gern an Zweigen und können hervorragend klettern. Feld- und Wühlmäuse hingegen kommen nur selten ans Tageslicht.

Sie bleiben meist in selbst gewühlten unterirdischen Gängen, auf trockenen Wiesen und Brachland bis in die Innenstadt. Auch wenn Mäuse bei uns Menschen nicht so beliebt sind, für viele Tiere sind sie ungemein wichtige Nahrung: Das sind Greifvögel, Eulen, Füchse, Marder und Wiesel, aber auch Reiher und Krähen.

dass dort ein Siebenschläfer (6) seinen Winterschlaf hält. Halten Sie an Bahndämmen, auf Friedhöfen, in Parks und Gärten Ausschau nach Wildkaninchen (7). Sie mögen trockene, sandige Böden, in denen sie gut graben können. Der Große Frostspanner (8) macht seinem Namen alle Ehre: Die Männchen umschwärmen beim ersten Schneefall Straßenlampen und Autoscheinwerfer (die stummelflügeligen Weibchen können nicht fliegen). Entdecken Sie einen Zitronenfalter (9) auf einem Zweig, so lassen Sie ihn ruhen. Er überdauert den Winter, Frostschutzmittel schützen ihn vor dem Einfrieren. Wintermücken (10) macht die Kälte auch nichts aus – sie tanzen bei Temperaturen um 4 °C munter in großen Schwärmen in der Luft.

(6)   (7)   (8)   (9)   (10)

90 WINTER AM STADTTEICH

Während der Winter in der Natur eher eine stille Jahreszeit ist, verwandeln sich nun viele Stadt- und Parkteiche in lärmende Plätze. An offenen Stellen versammeln sich bei frostigen Temperaturen Enten, Rallen, Gänse und Schwäne, unter die sich noch Möwen mischen. Und bei den Enten beginnt nun, mitten im Winter, die Paarungszeit. Das erkennen Sie an den prächtigen Federkleidern, das die Erpel angelegt haben – der Stockentenmann mit flaschengrünem Hals, leuchtend kastanienbraun der dreieckige Kopf des grau-schwarzen Tafelentenerpels, schwarz-weiß mit schickem Federschopf am Hinterkopf das Reiherentenmännchen. Schauen Sie genau hin, vielleicht erkennen Sie sogar noch andere Entenarten, Kolbenenten etwa oder Mandarinenten, die ausgesetzt wurden. Bei den Bläss- und Teichhühnern, es sind Rallen, keine Hühnervögel, und Graugänsen sehen Männchen und Weibchen das ganze Jahr über gleich aus. Achten Sie auf die interessant gelappten Füße, grün beim Teichhuhn, blau beim Blässhuhn, und auf das Verhalten der vielerorts häufigen Graugänse in einer Gruppe. Wenn die Vögel grasen, passt immer einer mit hocherhobenem Kopf auf. Die Nacht verbringen die Vögel schwimmend auf dem Wasser.

HÖCKERSCHWÄNE …

… gehören mit einer Flügelspannweite von bis zu 2,3 m und einem Gewicht von bis zu 14 kg zu den größten Vögeln Mitteleuropas. An städtischen Gewässern versammeln sich all die Junggesellen-Schwäne, die kein Revier erobern konnten und es vermutlich auch niemals können. Beobachten Sie die majestätischen Vögel, wie sie gründeln, anlaufnehmend starten und mit lauten Fluggeräuschen fliegen.

91 WASSERKRAFT

Gewässer, sei es Fluss oder Bach, See oder Teich, sind seit jeher lebendige Kraftorte. Ein Besuch lohnt sich immer, auch und gerade an Gewässern in Siedlungen. Während die zahlreichen Molche, Kröten, Frösche und Wasserinsekten an frostsicheren Plätzen in Kältestarre verharren, sind Vögel auch bei Schnee und Eis aktiv. Haubentaucher und die kleineren Zwergtaucher zieht es nun in die Stadt, ebenso Kormorane,

Graureiher und die hübschen Gänsesäger. Beobachten Sie die langen Tauchgänge von Tauchern und Sägern, die bis zu 35 Sekunden dauern. Lachmöwen zeigen sich nun in ihrem weißen Winterkleid mit dunklem Fleck hinter dem Auge. Sie fliegen abends weg, übernachten schwimmend auf Seen und tauchen morgens wieder lärmend auf. Viel größer ist die bis zu 56 cm lange Heringsmöwe, auch ein häufiger Wintergast in unseren Städten. Träumen Sie bei ihren Rufen doch ein wenig von Ferien am Meer. Biber dringen seit Jahren vielerorts entlang der Flüsse in die Städte vor, München haben sie schon erobert. Sie tauchen vor dem Deutschen Museum auf, ebenso in Berlin am Bundeskanzleramt. Im Winter lassen sie sich oft wochenlang nicht sehen und bleiben lieber in ihrer auffälligen Burg aus bis zu 1,5 m hoch aufgetürmten Ästen. Etwa halb so groß wie ein Biber sind die wenig scheuen Nutria (Sumpfbiber), die gelegentlich in Städten auftauchen und sich sogar von Spaziergängern füttern lassen.

DIE WASCHBÄR-HAUPTSTADT

In Kassel leben bis zu 100 Tiere auf einem Quadratkilometer. Waschbären sind das ganze Jahr über, von Abend- bis Morgendämmerung, aktiv. Nur bei Dauerfrost ruhen sie in Baumhöhlen oder Gebäuden.

Zenit

Fuhrmann

Perseus

Plejaden

Zwillinge

Stier

Krebs

Kleiner
Hund

Orion

Sirius

Großer
Hund

Hase

Süden

ERDBEOBACHTUNG

Zahllose Satelliten umkreisen die Erde und viele der sich bewegenden Lichtpunkte können Sie auch im Winter sehen. Wann die Internationale Raumstation ISS bei Ihnen sichtbar ist, erfahren Sie auf www. heavens-above.com.

MONDSCHEIN

Werfen Sie doch mal mit dem Fernglas einen Blick auf den Mond. Die hellen Bereiche sind Hochebenen, die Terrae heißen, die dunklen sind sogenannte Mondmeere, Mare genannt. Sie führen kein Wasser, sondern bestehen aus erstarrten, dunklen Lavamassen. Um manche der bis zu 300 km großen Krater, etwa beim riesigen Krater Tycho, entdecken Sie strahlenförmige Strukturen aus Gesteinen, die beim Einschlag des Meteoriten ausgeworfen wurden.

92 DEN STERNENHIMMEL KENNEN LERNEN

Wenn die Nächte lang sind, stehen die schönsten Sterne und Sternbilder am Himmel. Dann beginnen die Sternstunden schon am späten Nachmittag. Suchen Sie dazu einen möglichst dunklen Platz auf ohne störende Straßenlampen und Beleuchtungen, etwa am Stadtrand.

Im Norden finden Sie den Großen Wagen, bekannter Teil des Sternbilds Großer Bär, der recht horizontnah aufrecht am Himmel steht. Seine verlängerte Wagenrückseite weist zum Polarstern, der genau im Norden direkt neben dem »Himmelsnordpol« steht. Auf der anderen Seite des Polarsterns formen fünf Sterne ein M, das ist Kassiopeia. Nun schauen Sie nach Süden. Dort sind die auffallenden Sternbilder Orion, Fuhrmann, Stier (mit dem Siebengestirn, den Plejaden) und Zwillinge die Stars im Sternenmeer. Schräg links unter Orion strahlt Sirius, das Auge des Großen Hundes – er ist der hellste Stern, den es am Himmel gibt. Sollten Sie noch hellere Lichtpunkte entdecken, so stammen sie von Planeten unseres Sonnensystems – Venus, Mars, Jupiter und Saturn. Während die Venus stets als Abendstern der Sonne folgt oder ihr als Morgenstern vorausgeht, durchlaufen Mars, Jupiter und Saturn die Sternbilder des Tierkreises. Informieren Sie sich in aktuellen Himmelskalendern. Und als Karte für die Sterne und Sternbilder dient eine nachtleuchtende Sternenkarte oder eine Sternenhimmel-App.

93 IN DER STERNWARTE

Möchten Sie die Oberfläche der Planeten Merkur, Venus, Mars, Jupiter und Saturn mit eigenen Augen sehen, so besuchen Sie eine Sternwarte. Dort gucken Sie durch ein großes Teleskop ins Weltall und sehen so noch viel mehr: die sonnenfernsten Planeten Uranus und Neptun etwa, Millionen Lichtjahre entfernte Galaxien oder Sternhaufen, Nebel, Supernovaüberreste – und tagsüber bieten Spezialteleskope sogar einen Blick auf die Sonnenoberfläche, in die Sie nie direkt gucken dürfen. Anders ein Besuch im Planetarium: Wie im Kuppelkino lernen Sie den Sternenhimmel und spannende Phänomene in wechselnden Programmen kennen.

STERN-SCHNUPPEN
Die besten Nächte für Sternschnuppenjäger im Winter sind 7.–15. Dezember und 1.–6. Januar, mit bis zu 100 Sternschnuppen pro Stunde.

94 BEOBACHTUNGEN AN TAUBEN

Sie sind nicht bei jedem beliebt, kommen aber in den meisten Städten Mitteleuropas vor. Dort ist das Nahrungsangebot vorzüglich und natürliche Feinde wie Elster, Habicht, Sperber und Wanderfalke nicht so verbreitet. Die häufigste »Stadt«-Taube ist die typische Straßentaube, die von der spanischen Felsentaube abstammt, als Haus- und Brieftaube gezüchtet wurde und in den Städten wieder verwildert ist. Die Männchen sind etwas größer und schwerer als die Weibchen, doch kaum eine Straßentaube gleicht in der Färbung der anderen. Beobachten Sie die Vögel beim typischen Laufen, Baden, Fressen, Trinken (sie saugen Wasser, ohne abzusetzen), Ausruhen und Balzen. Und bevor Sie sich über die Tauben ärgern, bedenken Sie, dass sie wichtige Nahrung für die zum Glück wieder anwachsenden Populationen der Wanderfalken sind. Ziel in jeder Stadt sollte daher sein, einen gesunden Taubenbestand zu schaffen, dessen Größe gut zu den lokalen Bedingungen passt, und diesen dauerhaft zu erhalten. Das funktioniert hervorragend mit einem Taubenhaus. Vielleicht stellen Sie ja eines auf und betreuen es als

95 IM WINTER MIT MÜTZE

Ist Ihnen schon aufgefallen, dass das Eichhörnchen im Winter eine Mütze trägt? Keine selbst gestrickte und auch keine Beanie-Mütze, aber dichte Haarbüschel schützen die Ohrmuscheln vor großen Wärmeverlusten. Eichhörnchen halten keinen Winterschlaf wie Igel und Siebenschläfer, verbringen aber die kältesten Tage in ihrem dick mit Blättern isolierten Kobel, die Nächte sowieso. Hat das Eichhörnchen Hunger, sucht es nach den versteckten Nussvorräten, dabei kommt die superfeine Schnuppernase zum Einsatz.

Taubenwart. Die zweithäufigste Taube in Städten ist die beigefarbene Türkentaube (Foto), die niemals in großen Scharen, sondern meist als Paar auftritt. Auch sie lebt fast ausschließlich in Siedlungen, wo sie besonders gern auf Fernsehantennen sitzt. Starten sie von dort mit lautem Flügelklatschen, markieren sie akustisch ihr Revier. Auch die größte Taube Europas, die Ringeltaube mit dem weißen Fleck an den Halsseiten, eigentlich im Wald zu Hause, taucht immer mehr in baumreichen Stadtteilen auf.

96 KRANZRUND

Zur Weihnachts- und Winterzeit gehört ein selbst gebundener Kranz, sei es aus grünen Nadelzweigen von Tanne, Douglasie, die fein nach Zitrone duftet, Fichte, deren Nadelspitzen stechen, oder aus Ästen, verziert mit Blattgrün von immergrünem Efeu. Als Deko eignen sich auch Stechpalme und Buchs, mit Strohsternen, bunten Glaskugeln oder allerlei Funden aus der Natur, wie Kiefern-, Lärchen- und Erlenzapfen, Hagebutten, Eicheln oder Bucheckernhüllen. Rote Schmuckbänder bringen warme Farben in die kalte Winterzeit.
Das Kränzebinden geht so:
→ Einen stabilen Weidenzweig in der gewünschten Kranzgröße biegen und mit Bindedraht fixieren.
→ Etwa 10 cm lange Zweige der Bindepflanze dachziegelförmig im Uhrzeigersinn dicht auf den Weidenzweig legen und zum Fixieren mit Bindedraht umwickeln.

Wer keinen Kranz selbst binden will, kann einen fertigen Strohkranz erwerben und mit Nadelgrün und Naturmaterialien schmücken.

HUSTENLÖSER

Schon in der Antike war Efeu als Arzneipflanze bekannt, dessen Inhaltsstoffe in Hustensäften enthalten sind. Nicht für die Selbstmedikation geeignet!

IMMERGRÜNE

Neben dem Efeu sind bei uns auch Buchsbaum und Stechpalme immergrün. Finden Sie noch mehr Pflanzen, die auch im Winter Blätter tragen?

98 VERPACKUNGSMEISTER

Gegen die Winterkälte schützen sich die Pflanzen mit raffinierten Strategien, die Sie heute kennenlernen: Blüten- und Blattknospen hüllen sich mit dicken Knospenschuppen ein, gut zu sehen bei Hasel oder Rot-Buche. Noch wärmer ist es unter einer wolligen Mütze wie bei den Magnolienknospen oder unter dem harzig klebrigen Überzug bei den Rosskastanien. Auch das Abwerfen der Blätter

97 AUCH IM WINTER GRÜN

Efeu ist eines der wenigen immergrünen Laubgehölze, das auch im tiefsten Winter grüne Blätter trägt. Mithilfe seiner kleinen Haftwurzeln klettert Efeu Baumstämme, Zäune und Wände empor. Wo Klettermöglichkeiten fehlen, bleibt er am Boden und überwuchert große Flächen mit einem dichten Teppich. Ob vertikal oder horizontal – Efeu bildet eine eigene kleine Lebenswelt, in der sich rund ums Jahr viele Insekten, Spinnen und andere Kleintiere aufhalten. Weil er erst im Herbst unscheinbar blüht und Bienen, Wespen, Schwebfliegen und Schmetterlinge anlockt, reifen seine Früchte, wenn der Winter vorbei ist. Amseln und andere Drosseln lieben sie. Doch auch botanisch können Sie allerhand Spannendes beim Efeu erkunden, jetzt mitten im Winter. Da sind die zweierlei Blätter – mehrlappige und rautenförmige – an Zweigen mit Blüten und Früchten, die dicht wachsenden, mangrovenähnlichen Adventivwurzeln an den »Stämmen«, die sternförmigen Haare an junger Stammrinde, die bläulichen Beerenfrüchte, in denen Sie ein bis fünf Samen entdecken. Danach immer Hände waschen, denn alle Pflanzenteile sind giftig.

im Herbst ist ein Winterschutz, denn mit grünem Laub würden die Bäume im Winter verdursten. Hainbuchen behalten ihr abgestorbenes Laub bis zum Frühjahr an den Zweigen. Manche Sträucher behalten im warmen Stadtgrün sogar ihre grünen Blätter in der kalten Jahreszeit am Geäst, der Runzelblättrige Schneeball gehört dazu. Damit die Blätter nicht so viel Wasser verdunsten, hängen sie herab und rollen sich zusätzlich noch ein. Auch Koniferen behalten rund ums Jahr ihre

Blätter, die zu Nadelgröße mit geringer Verdunstungs- und Angriffsfläche geschrumpft sind. Und wenn Ihnen nun kalt geworden ist, so lassen Sie 8 Esslöffel Fichtennadeln 10 Minuten lang in 1 Liter Wasser ziehen und geben es dann ins Badewasser.

99 SCHNEE, SCHNEE, SCHNEE

Es schneit und draußen ist es endlich richtig Winter. Schneeflocken sind tolle Beobachtungsobjekte. Fotografieren Sie Schneeflocken, die vom Himmel fallen. Bei einer ganz kurzen Belichtungszeit sind einzelne Flocken scharf, bei einer längeren wird Schneefall daraus mit dynamischen Bewegungsunschärfen. Sammeln Sie ein paar Flocken auf einer dunklen Unterlage und schauen Sie sich die Flocken mit der Lupe an. Erkennen Sie die wunderschönen Kristallformen, die meist wie ein Sechseck angeordnet sind? Keine Flocke sieht wie die andere aus, obwohl in allen die besondere Struktur von Wasser sichtbar wird, die nur Winkel von exakt 60° oder 120° zulässt.

Führen Sie ein Schneetagebuch und notieren Sie Tag und Zeitraum, wann

AN EISIGEN WINTERTAGEN …

… knirscht der Schnee, wenn man darüberläuft. Dann brechen die feinen Seitenäste der harten Eiskristalle knirschend ab. Bei wärmeren Temperaturen verformen sie sich nur, ohne abzubrechen.

Schnee gefallen ist, Aussehen (Graupel, feiner Schnee, dicke Flocken), Schneehöhe und Konsistenz (Pulverschnee, Pappschnee). Und vergessen Sie nicht, wie früher einen herrlichen Schneemann zu bauen. Winter, so machst du uns Freude!

REGISTER

Ahorn 58, 64, 66
Alge 46
Ameisenlöwe 40
Amsel 14, 37, 79, 80
Assel 36, 52, 59

Baum 28, 58
Baumläufer 33
Berberitze 62
Biber 85
Biene 40, 44, 45
Bilche 17
Bingelkraut 57
Birke 58
Blindschleiche 53
Brennnessel 21, 41, 56
Brennnesselzünsler 49
Buche 89, 90
Buchsbaum 90

Dahlie 57
Dickmaulrüssler 25
Dohle 47, 51
Douglasie 57, 89
Drossel 82

Efeu 89, 90
Ehrenpreis 26
Eibe 66
Eiche 66
Eichelhäher 51, 78
Eichenspinner 49
Eichhörnchen 17, 33, 79, 82
Eidechse 53
Elsbeere 62
Elster 16, 51, 79
Ente 16, 54, 84
Erdbeere 11
Erdläufer 59
Erle 89
Eule 47, 49, 82

Fasan 82
Feldhase 49
Feuerkäfer 49
Fichte 89
Fingerkraut 27
Fink 14, 16, 79, 80, 82
Flachs 36
Flechte 46, 31
Fledermaus 47, 48
Fliege 23, 40, 43
Flockenblume 21
Frosch 54, 85
Frostspanner 83
Frühlingsblumen 26
Frühlingszwiebel 11
Fuchs 18, 49
Fuchsie 44

Gans 84
Gänseblümchen 26, 56

Gänsefuß 56
Gänsesäger 85
Gartenbaumläufer 33
Gartenrotschwanz 14
Geißblatt 21, 62
Geranie 44, 57
Ginkgo 57, 66
Glaskraut 36, 57
Götterbaum 57
Grabwespe 36
Grasmücke 79
Graugans 71, 84
Graureiher 16, 71, 85
Greifvogel 70
Gundermann 27, 56

Hagebutte 62, 89
Hahnenfuß 27
Hainbuche 58, 91
Hartriegel 62 f.
Hasel 62, 90
Haubentaucher 85
Hausrotschwanz 15, 37, 80
Haussperling 13, 15, 80
Heckenbraunelle 80
Heckenkirsche 62, 68
Heidelbeere 11
Heinrich, Guter 56, 57
Herkulesstaude 36
Herz, Tränendes 57
Hexenring 63
Hirtentäschel 27, 36, 56
Hohlzahn 56
Hornisse 16, 23, 43
Hornklee 21, 27
Hortensie 57
Huflattich 26, 56
Hummel 22, 40
Hummelschweber 40
Hundertfüßer 33

Igel 17, 59, 69, 74
Immergrün 90
Insekt 23, 33, 40, 59, 68 f.

Jasmin 57
Johannisbeere 57
Judasohr 63
Junikäfer 24

Käfer 24 f., 40
Kamille 36, 56
Karde, Wilde 36
Kartoffel 11
Kastanie 22, 57, 58, 66, 67, 90
Kaulquappe 54
Kerbel 27
Kiefer 89
Kleiber 15, 16, 33, 80
Knäuelgras 21

Knöterich 36
Kohlschnake 49
Konifere 91
Königskerze 36
Kormoran 71, 85
Kornelkirsche 62
Krähe 16, 51, 78
Kranich 71
Krebstier 59
Krokus 26
Kröte 59, 85
Kuckuck 14

Labkraut 65
Lärche 89
Laubfrosch 68, 69
Laufkäfer 52
Laugenblume 56
Lavendel 20
Lerchensporn 36
Levkoje, Duft- 21, 56
Libelle 41, 54, 65
Lichtnelke 21
Liguster 62
Lindenblüte 56, 58, 66
Löwenzahn 26, 36, 56, 64
Lupine 57

Magnolie 90
Mahonie 57, 62
Maikäfer 24
Mammutbaum 57
Marder 17, 19, 49
Marienkäfer 23, 24, 43, 49
Mastkraut, Niederliegendes 36
Mauersegler 37, 50
Mäusebussard 70
Maus 63, 83
Mehlbeere 62
Meise 14, 37, 80, 81
Milchstern, Dolden- 36
Minze 56 f.
Mistel 79
Mohn 36, 65
Molch 54, 59, 85
Mönchsgrasmücke 80
Moos 30
Möwe 84 f.
Mücke 40
Mutterkraut 56

Nachtfalter 20
Nachtigall 37
Nachtkerze 20
Nachtviole 20
Nashornkäfer 24
Natternkopf 36

Ohrwurm 40, 59
Ordensband, Weißes 49
Oregano 20

Papagei 72
Pappel 66
Pfaffenhütchen 62
Pferdeegel 54
Pilz 46, 63, 64
Platane 66
Portulak 57

Rabenvogel 17, 51
Ralle 54, 71, 84
Raupe 21
Regenwurm 36, 52
Reh 82
Rhabarber 73
Ringelnatter 52
Rispengras 36
Robinie 57, 66
Rosenkäfer 24
Rosmarin 44
Rotkehlchen 14, 16, 80, 81

Saatgans 71
Salat 11
Salbei 20
Samthäubchen 63
Sandknotenwespe 36
Sauerampfer 27
Schafgarbe 56
Scharbockskraut 27
Scheinzypresse 57
Schlange 52
Schlüsselblume 27
Schmetterling 20, 40, 55
Schnecke 36, 52 ff., 59
Schneeglöckchen 26
Schnellkäfer 25
Schöllkraut 27, 57
Schwalbe 16, 51
Schwan 71, 84
Schwarznessel 57
Schwimmkäfer 54
Seerose 65
Seidenschwanz 82
Siebenschläfer 16, 63, 83
Silbermoos 36
Sonnenvogel 71
Spatz 12, 14
Specht 16, 17, 32, 33, 80
Sperber 82
Spinne 33, 36, 38 f., 52, 54, 59, 68
Spinnenläufer 59
Spornblume 36
Springschwanz 52
Star 14, 16, 78, 80
Stechmücke 49
Stechpalme 90

Steinklee 56
Steinläufer 52, 59
Streifenfarn 36
Strudelwurm 54
Sumpfbiber 85

Tanne 89
Taube 16, 80, 88, 89
Taubnessel 27, 36
Tauchkäfer 54
Tausendfüßer 36, 52, 59
Teichhuhn 84
Thymian 20, 44, 56
Tigerbär, Weißer 49
Tintenfisch 55
Trauermantel 20
Trauerschnäpper 16
Tulpe 57
Turmfalke 37, 47

Veilchen 21, 26, 57
Vogel 14, 37, 68, 73
Vogelbeere 62
Vogelmiere 27

Wacholderdrossel 82
Waldbaumläufer 33
Waldkauz 49
Walnuss 57
Wanderfalke 37, 70
Wanze 24 f.
Waschbär 85
Wasserfloh 30
Wasserläufer 54
Weberknecht 36
Wegerich, Breit- 36,
    56, 64
Wegerich, Spitz- 27, 56
Weide 31, 64 ff.
Weißdorn 62
Weißstorch 47
Wendehals 32
Wermut 57
Wespe 16, 40, 42 f.
Wildblume 10, 22
Wildfrucht 62
Wildgans 71
Wildkaninchen 83
Wildschwein 18, 49
Wildtiere 82
Wintergoldhähnchen 82
Winterling 26
Wintermücke 83

Ysop 20, 44

Zaunkönig 14, 16, 37, 81
Zilpzalp 14
Zitronenfalter 20, 83
Zugvogel 75
Zwergtaucher 85
Zymbelkraut 36

IMPRESSUM

Mit 144 Farbfotos: **Adam** 14-5, 15-10, 32-2, 32-6; **Andrew Scherbackov/ Shutterstock** 56; **balounm/Shutterstock** 33r; **Bellmann/Kosmos** 400, 410, 43, 83-8; **Bentzien** 45; **Bildagentur Zoonar GmbH/Shutterstock** 39, 66-3, 72; **blickwinkel über Hecker** 18u; **Chrislofotos/Shutterstock** 8/9; **Christopher Edwin Nuzzaco/Shutterstock** 44u; **Cölsch** 890; **Cora Mueller/Shutterstock** 520; **dohtar/Shutterstock** 67u; **ekina/Shutterstock** 76/77; **ER_09/Shutterstock** 28/290m; **Faller** 230; **Fürst** 14-2; **Gartenschatz GmbH/Bajohr** 820, 82-3, 82-4, 82-7; **gorillaimages/Shutterstock** 27; **Groß** 50, 78; **Grüner** 14-3, 15-7; **Höfer** 32-3; **hjschneider/Shutterstock** 910; **I love photo/Shutterstock** 29r; **Irina Schmidt/Shutterstock** 84; **Jacek Chabraszewski/Shutterstock** 69; **JLR Photography/Shutterstock** 37; **Jo Ann Snover/Shutterstock** 73u; **Jody Ann/ Shutterstock** 85; **John A Davis/Shutterstock** 87; **John A. Anderson/Shutterstock** 65; **Julie Phipps/Shutterstock** 54/550; **Klees** 14-4, 32-1; **Koldunov Alexey/Shutterstock** 91u; **Laura Stone/Shutterstock** 100; **Leo/fokus-natur. de** 82-1; **Limbrunner** 82-2; **Maly** 63u; **Marc Venema/Shutterstock** 260; **marti-apunts/Shutterstock** 21; **Moosrainer** 880; **Mps197/shutterstock** 13; **nature photos/Shutterstock** 6/7; **Nill** 12, 32-7; **Peter Radacsi/Shutterstock** 58; **P. Fabian/Shutterstock** 90; **Pröhl/fokus-natur.de** 32-4; **rarach/Shutterstock** 2/3; **Rafa/digitalstock** 67-8; **Rashid Valitov/Shutterstock** 4; **Roxana Bashyrova/Shutterstock** 34/35; **Sabine-Susann Singler/Pixelio** 57u; **Spohn** 66-1, 66-2, 66-4, 66-5, 67-6, 67-9, 67-10; **Symbiot/Shutterstock** 31; **Haag** 28u; **wavebreakmedia/Shutterstock** 150; **Zeininger** 15-6, 32-5, 82-5; **Zerbor/ Shutterstock** 67-7; **Zygotehaasnobrain/Shutterstock** 11; **1000 Words/ Shutterstock** 68u; **2xSamara.com/Shutterstock** 60/61 und alle restlichen 61 Fotos von **Hecker.**
Mit zwei Illustration von **Schulz Grafik-Design** 86 und von **basel101658/ shutterstock** 75.
Auf den Klappen 27 Farbfotos von **Adam** Star; **Bellmann/Kosmos** Bittersüßer Nachtschatten; **Blumenstadt Mössingen** Blumenwiese; **Danegger** Buchfink; **Diedrich** Mehlschwalbe; **Fürst** Schleiereule; **Gallinago_media/ Shutterstock** Mauersegler; **Gartenschatz/Bajohr** Weißstorch; **Gartenschatz/Bellmann** Gewöhnliche Berberitze; **Hecker** Gewöhnliche Schlehe, Schwarze Heckenkirsche, Kornelkirsche, Rote Heckenkirsche, Schwarzer Holunder, Gemeiner Schneeball, Felsenbirne, Zwergmispel, Dohle, Grünfink, Haussperling, Straßentaube, Zaunkönig; **Höfer** Kohlmeise, Stieglitz, Turmfalke; **Zeininger** Amsel, Blaumeise.
Umschlaggestaltung von Walter Typografie & Grafik GmbH unter Verwendung von 4 Farbfotos. Vorderseite: Foto von **Chepko Danil Vitalevich/shutterstock.** Rückseite: Fotos von **JLR Photography/Shutterstock** l; **Hecker** m, r.

Unser gesamtes Programm finden Sie unter kosmos.de
Über Neuigkeiten informieren Sie regelmäßig unsere Newsletter, einfach anmelden unter **kosmos.de/newsletter**

MIX
Papier aus verantwortungsvollen Quellen
FSC® C015829
FSC www.fsc.org

Gedruckt auf chlorfrei gebleichtem Papier

© 2015, Franckh-Kosmos Verlags-GmbH & Co. KG, Stuttgart
Alle Rechte vorbehalten
ISBN 978-3-440-14497-8
Projektleitung: Daniela Bendel, Stefanie Tommes
Lektorat: Daniela Bendel
Satz: Walter Typografie & Grafik GmbH
Produktion: Markus Schärtlein
Printed in Italy / Imprimé en Italie

KOSMOS.
Die Natur entdecken.

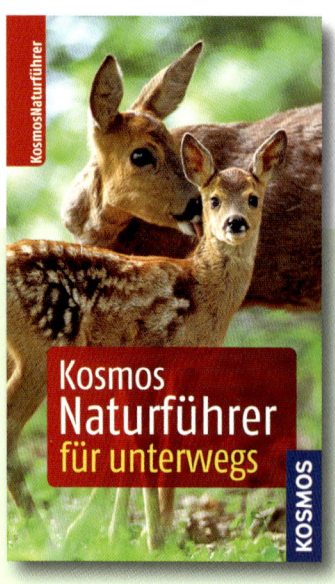

Die schönsten Seiten

Unsere häufigsten Tiere, Pflanzen und Pilze lassen sich mit diesem Naturführer ganz einfach bestimmen. Gegliedert nach Lebensräumen zeigen über 1.000 Abbildungen und viele Detailabbildungen auf einen Blick alles Typische zu einer Art.

Katrin und Frank Hecker
Kosmos-Naturführer für unterwegs
368 S., 1.010 Abb., €/D 7,99

Gemeinsam unterwegs

Kreative Ideen und Experimente laden zum Mitmachen ein: von Wildblumen pressen, Strandspielen, Flöten schnitzen bis zur selbstgemachten Kräuterseife oder Hagebuttenmarmelade, vom Mississippi-Dampfer bis zur Unterwasserlupe, vom Indianerpflaster zum winterlichen Iglu.

Katja Maren Thiel
Natur & Kinder
160 S., 250 Abb., €/D 19,99

kosmos.de

Vögel beobachten mit dem NABU
Aktionen, Tipps und Termine unter
www.NABU.de

legaa · Fotolia

VÖGEL IN DER STADT

In der Stadt leben mehr Vogelarten, als Sie vielleicht denken. In Hamburg beispiels-weise sind es über 150 verschiedene Vogelarten, darunter auch Uhu, Sturmmöwe, Eisvogel und Seeadler. Wie viele entdecken Sie in Ihrer Stadt? Halten Sie die Augen offen nach diesen typischen Arten. Haben Sie sie erkannt?

(1) Amsel	(5) Grünfink	(9) Mehlschwalbe	(13) Straßentaube
(2) Blaumeise	(6) Haussperling	(10) Schleiereule	(14) Turmfalke
(3) Buchfink	(7) Kohlmeise	(11) Star	(15) Weißstorch
(4) Dohle	(8) Mauersegler	(12) Stieglitz	(16) Zaunkönig

5

6

11

12